欧美风格 空间·物语

European & American Style

DAM 工作室 主编

华中科技大学出版社
http://www.hustp.com
中国·武汉

设计的未来，
在于把对过去的尊崇，
巧妙无形地蕴藏于对明日的憧憬。

当代设计不仅仅是传统文化和价值观的传承与演变，在全球化浪潮下，它还因中西文化的交融而产生不同的设计艺术。当你用风格定义某个空间时，你会发现它还融合了风格之外的东西。就如在中国的住宅设计中会出现一种情况，一个中厨外面会有一个西厨，西厨中要有岛台，但若空间有限，一般会用餐厅代替岛台，营造一种良好的交流环境。这其实是中西饮食文化的一种合并和延伸，亦是欧美风格对当代中国住宅设计的影响。我曾经看到过一句话"欧洲、美洲还有不曾出现在中国游客手机相册里的角落吗？"，以一种调侃的口气道出了欧美文化对中国人的影响，以至于渗透在方方面面，所以室内设计也不例外。

在生活中，稍用心观察就会发现欧美设计围绕着我们，在咖啡馆、餐厅、酒店、商场这些空间你可以看到 18 世纪的简朴、民族艺术的纯真，19 世纪的质量和秩序，20 世纪的线条和结构……除了公共空间，偏欧美风格的住宅设计也是大众喜闻乐见的，我遇到的开发商和私宅屋主都喜欢这种西式风格。所以在这股风潮之下，思考、融合、共生就显得尤为重要，不是直接套用，而是怀着对中西两地设计风格和它所承载的历史文化的一种尊重的心情做设计。

"家"一直是情感的载体，中国第一部诗歌总集《诗经》就以平淡天真的韵调，吟出对"家"的情思，表达了中国人内心深处最为浓厚纯挚的情感，它如流水，亦似月华，缓缓流贯于中华文脉之中。将这种情感融合西方美学与中国人文思考，诠释曾经走过的生活轨迹，让每一段生活风景的切片，在现代社会中以新的视觉重现。

情感之外，表面的形体构造亦要立足于"人"，在每个过往项目中，我们强调它的功能性、实用性、可持续性和人居问题，结合业主的生活习惯考虑每个细节。你怎么煮饭，在怎样的环境下睡觉，跟家人之间怎样相处，通常都在哪个角落看书，在家需不需要工作……这些才真正和业主的生活有关。不管是欧美风格还是其他风格，世界上的每一种风格，是特定地方的历史、地域、气候、文化孕育出来的。不去问背后的因由而直接移植，注定不会合适。

设计无国界，中西方文化艺术都别有洞天，现代人的生活方式将越来越脱离物质与材料的简单堆砌，而追求一种情感共鸣的表达。反复研究他们所欲表达的情感，而非简单的设计要求，给空间更丰富的表达，这是设计师的责任。而倘若通过设计作为桥梁，让中西文化融合共生，让美好的故事可以尽情"上演"，让更多创意可以落地，这是一件很有意义的事情。

SCD 香港郑树芬设计事务所设计总监　郑树芬

目录
Contents

A：解答

你总能在欧美风格中看到传统与现代相互交融的空间。因为欧美文化非常重视"人"，即人性化，空间的一切都是为了让人住得舒适，当过去的东西不适应现代生活时，就会被取代，替换成满足现代生活的内容，让人住得更舒适。而传统中的经典却一直被延续，在这种风格中你总是可以看到传统情调中隐藏着现代装饰手法，现代材质里包罗着令人动容的古典文化，这就是它最大的特色。

Q：提问

2. 欧美风格在设计上有哪些要注意的？

A：解答

欧美风格设计中运用的元素非常丰富，也有很多标识性的东西，如雕花柱头、横梁天花、大吊灯等，设计师有很多选择，但不加思考套用只会带来糟糕的结果。那么做设计时就要通过思考来筛选合适的元素。譬如繁复雕花、厚重的天花等这些都不适合一般的户型，只有在复式、别墅等大空间才可以发挥出典雅庄重的格调。一般户型的欧美风格塑造，可以从一些细节元素去着手，做一些演变，让它更适合当下的空间，不要墨守成规、僵化思维。

Q：提问

3. 最能体现此种风格的软装是什么，这种产品应该有些什么样的特质？

A：解答

家具是软装中最重要的一部分，对风格的塑造有着举足轻重的作用。欧美家具的基础是欧洲文艺复兴后期移民流动所带来的生活方式。从18、19世纪世代相传的经典家具作品中可以看出，造型典雅、线条优美的家具成为此种风格的典型代表。现在随着时代发展，这些家具的古典风范与现代精神结合起来，其特质仍然是建立在对古典的新认识上，强调简洁、明晰的线条和优雅、得体有度的装饰。

Q：提问

4. 国外的欧美风格和国内常见的欧美风格空间，有什么样的差异？

A：解答

任何设计的核心都是"以人为本"的，为满足居者的切身需求，适应他们的生活习惯，所以即使是同种风格，在不同的地域其表现形式也会有所变化。譬如说，国外的欧美风格在厨房设计这一块基本都是采用开放式厨房，但是中国的煮食文化以炒为主，油烟较多，显然是不适合开放式厨房的，那么我们可以用一些比较通透亮的材料做出简约、宽敞的闭合式厨房，这个厨房就是适合中国煮食文化，但给人的感觉又是具有欧美风特点的。这些差异都是因两地的文化差异而产生的，很多微小的差异都体现在细节上。

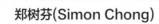

郑树芬(Simon Chong)

香港著名设计师，英国诺丁汉大学硕士。"雅奢主张"开创者，中国首次获得法国"双面神"创新设计奖设计师，2013年被评为年度杰出设计师，2014年被评为"十大最具影响力设计师"。

郑树芬先生致力于中华民族文化的研究，被媒体誉为亚洲最能将中西文化融入当代设计的香港设计师。以其"内敛惊艳"的设计手法完成了诸多明星及社会名流豪宅府邸的设计。其设计项目遍布中国、日本，以及东南亚、欧洲等地，设计作品屡获设计界殊荣，分别于2004年及2006年发行自己的作品集《居室韵律》《构》。

Q：提问

5. 居住空间要形成欧美风格，要如何规划？

A：解答

首先，要在空间、家具布局上把握好尺度；其次，色彩的运用要把握好准确度，搭配和谐；最后，家具的选择，这些都是形成欧美风格的关键。但家居文化的形成不仅仅是室内设计做成一个什么样子，还跟里面生活的人息息相关，所以规划时还必须结合人的生活习惯、个人喜好。这样的设计做完后都恰到好处，每一个环节都是精心设计的。实际做的过程是特别不随意，但做完之后你觉得很随意，这个实际就是设计的专业性。

Q：提问

6. 欧美风格家居，对使用者的生活有何影响？

A：解答

欧美风格家居的氛围是非常温馨、和谐、轻松的，一家人可以畅通无阻地进行情感交流。譬如开放式厨房、吧台、家庭厅、影音室这些空间的设计都是为了给大家带来更多的沟通机会。在我们的历史文化中，家是一个比较"正式、规范"的场所，家人之间还是有一定的距离感，而欧美风格的家居却可以打破这种情况，让使用者的家庭生活更加亲近、温馨。

Q：提问

7. 设计过程中，应该如何保持设计理想与现实之间的平衡？

A：解答

很多人看到喜欢的家具，好看的家居场景往往会直接复制到自己的空间中，但会发现最终效果事与愿违，这就是理想与现实的冲突。空间设计是一个非常细化的工作，尺寸感、角度、层高等各种因素都影响空间的整体效果，不考虑现实因素直接复制是不可行的，应该从了解"理想"空间的文化背景、适用的生活方式、关键要素入手，再结合自身空间的硬性条件来考量，从自身的居住需求出发，这样才可以把握好设计理想与现实之间的平衡。

Q：提问

8. 欧美风格的精神是什么，一般人可以自己打造吗？

A：解答

一种设计风格并不仅仅是风格表现那么简单，更代表着一种生活方式、一种居住文化，而欧美风格就是"自由、随性、开放、融合"的精神代表，整个欧美地区跨度非常大，地区间的差异与融合都体现在这种风格里。从设计师的角度出发，在打造这种风格时就会弄清楚其背后的文化、细节元素、适用条件等，而如果一般人想打造这样一个家的话，首先要问自己是不是真的喜欢，你喜欢哪一种东西，喜欢它的颜色，还是喜欢它里面的家具，还是喜欢它的家具所体现的东西，了解清楚自己想要什么之后，你就可以试着自己去打造，当然最好是有专业设计师的指导。

Q：提问

9. 在您的设计职业生涯里，有什么难忘的经历吗，能否分享一下？

A：解答

印象最深刻的是当时我在摩根大通银行工作，利用空闲时间给身边朋友的房子做设计，最初只是觉得好玩，后来同事们发现我有这方面的才华，不断给我介绍客户。其实这方面的客户都是非常高端的，银行的VVIP客户及社会名流，他们的要求也非常高，对于我这样一个跨界的设计师来说是非常大的挑战，而我仅仅是凭借兴趣去完成。这段时间的经历非常宝贵！

Q：提问

10. 推荐几个您欣赏的设计师和几本优秀的设计类图书吧，为什么是他们而不是其他人呢？

A：解答

我最欣赏的是一名美国设计师叫Thomas Pheasant。他从业已有30多年，他从小的家装项目起步，现在大多为一些名人做家居设计，例如：美国总统的休闲会所。他在设计手法的处理上非常得体到位，他喜欢用比较古典的元素加入自己的想法，或者是比较现代的元素与古老的东西混搭起来，这样的设计就会比较新颖又有创意。

《Sixty Years of American Design》与《The Strange and Subtle Luxury of the Parisian Haute-Monde in the Art Deco Period》这两本书是我个人很喜欢的，非常值得一看。

对话设计师

荣禾·曲池东岸A1户型

设计公司：SCD 香港郑树芬设计事务所
主案设计：郑树芬（Simon Chong）
软装设计：杜恒 (Amy Du)
文案：张显梅 (Emma Zhang)
面积：723 平方米

设计说明

本案是郑树芬先生"雅奢主张"的新标杆，最具代表性的作品之一。荣禾·曲池东岸荣踞曲江核心，拥享繁华世界，以高雅曼妙的姿态屹立在曲江池东岸，为西安住宅领域开拓出新的想象空间，重构中国历史古都雅豪圈层居住区的新秩序。

曲池东岸A1户型整个空间奢雅尽享尊贵，设计师在设计方面以"奢"、"雅"、"质"、"暖"为关键词，谱写了新一代雅豪们的雅奢生活之道，为当地的住宅翻开奢华雅致的新篇章。

奢：雅豪之士对雅奢生活之道的追求

奢乃奢华而不落俗套，低调体现文化底蕴而不炫富，是雅豪们对欣赏美、享受美的理解。项目为三层复式，一层、二层为主要功能区，三层为视听室和棋牌室。其中一层为客厅、中西餐厅、老人房及客房、休闲厅；二层为主卧、男孩房、女孩房、家庭厅、品茶区。四世同堂、天伦之乐近在咫尺。特别是客厅中空上层，挑高7.5米尽显尊贵大气，主卧及老人房的八角窗极显奢华，完全符合雅豪之士的品位需求。

当今雅豪之士，他们俯瞰繁华，更愿意在浮华褪去之后，回归生活的本真，荣禾·曲池东岸项目深刻挖掘雅豪阶层文化内涵与精神诉求，以国际精英生活为蓝本，在圈层、文化、历史、品位、享受、礼遇六大层面重塑当代雅豪生活的精粹，在中国顶尖设计与雅奢生活之道上实现文化、艺术与商业价值的和谐共鸣。

雅：触动高贵优雅的心

雅乃优雅、高贵，适得其所的生活理念。当今的雅豪们既具有温文尔雅的礼度，又具文化鉴赏力和审美力，怀抱对历史文化的重温与铭记，怀抱对未来的畅想与人居探索的执念。因此在设计中，设计师探索对应精神认同层面的需求和设计本身应有的人文关怀，发挥创新的力量，打破传统土豪们的奢侈之念，融入全面的顶尖设计手法。在空间格调方面，整体清亮有光泽，个性的简美设计手法，使空间温暖而高雅，完全体现雅豪们对高品质生活的追求。

休闲厅以高尔夫为主题，球包、书架、奖杯等精致饰品以及茶几上摆放的饰品均混合着美式经典韵味，解读着雅豪之士对生活的理解。

质：设计上的视觉冲击

质乃质感。真实、丰富多彩且做工精细的物体，易产生视觉上的冲击效果。设计师以精心挑选的材质及艺术品的搭配表现人本设计理念。家具材质和款式均为郑树芬先生亲选的BAKER品牌家具。简洁大气的欧美韵致，诠释出布艺、木材、金属等材质表象下隐藏着的尊贵内涵，陈设没有多余的造型和装饰，一切皆从功能性、舒适性出发，让空间整体显示出更为精致尊贵的气质。

在元素方面，仍以简美为主线，除了有软体家私之外，设计师以经典实木家私及实木框架软装沙发做搭配，去掉了繁复的细节，既简洁明快又大气有形，打造有视觉冲击效果、拥有生活品质的家庭氛围。

暖：春暖花开的日子

暖乃温暖。温馨、舒适是住宅需具备的最基本的功能，但往往又是设计师最难以去表达和实现的。空间层次丰富，以经典高雅的白色、冷静高贵的高级灰色为色彩基调，搭配温馨柔软的草绿色，间或跳出明丽的柠檬黄和红色，空间质朴而温馨，高贵而不落俗套。

家庭厅融入了一点中式韵味，背景墙以叶片形式装饰挂件吸引眼球，局部跳出柠檬黄，充满暖暖的家的味道。八角窗的主卧室为主人提供开阔的视野，暗紫色的窗帘，配合着紫红色的晚礼服表达了女主人对生活品质的追求，从色彩、饰品到主人的喜好无不体现了一种优雅浪漫的生活。

冰雪奇缘、白雪公主、小提琴、照片墙、老唱片、红酒……这一切正昭示着美好生活的开始，永不落幕！

荣禾·曲池东岸B2户型

设计公司：SCD 香港郑树芬设计事务所
主案设计：郑树芬（Simon Chong）
软装设计：杜恒（Amy Du）
摄影：水手摄影
面积：268 平方米
主要材料：Goodrich 墙纸、欧诺墙纸、ZU 布艺、荣冠马赛克、维尼尔饰面板、环球石材

设计说明

该项目为一套简欧的大户型，男主人是成功的企业家，喜欢收藏红酒；女主人自己经营一家咖啡馆，儿子上高中，父母重大节假日偶尔过来。房子紧邻寒窑爱情主题公园，离大唐芙蓉园及大雁塔仅仅十几分钟的车程，远离市中心的喧嚣与浮躁，给人带来安静与放松，同时周边四通八达的交通要道，古老建筑的环绕显得这里更具历史性。

空间整体以浅色系为主，简约、唯美。设计师将墙壁、陈设柜、橱柜全部设计成白色，流露出主人对于典雅生活的钟爱。洗浴室镜子也采用了浅色系，简单雅致，摒弃了繁复的装饰，让家居生活更趋向现代化的简约，让业主在妙不可言的环境中享受美好人生。

客厅以浓烈的个人风格见长，鲜明的设计语言相互牵制与抗衡，为优雅、舒适的空间制造出视觉冲击。草绿色的暗印花沙发，简洁而流畅的线条，以最自然而真实的语言诉说着主人对品质生活的追求。简易壁炉及背景墙配上抽象派油画，墙壁配上了一盏水晶吊灯，彰显了主人独特的品位以及这个年龄阶段对生活的追求。

家庭厅在设计上注重中西文化的结合，简欧的沙发搭配上"回"形几何图形的淡绿色地毯，大方合宜。在几桌和挂画上又力主中式。在结构上，家庭厅与厨房厅相连，设计着意于采光，采用了简欧水晶吊灯。

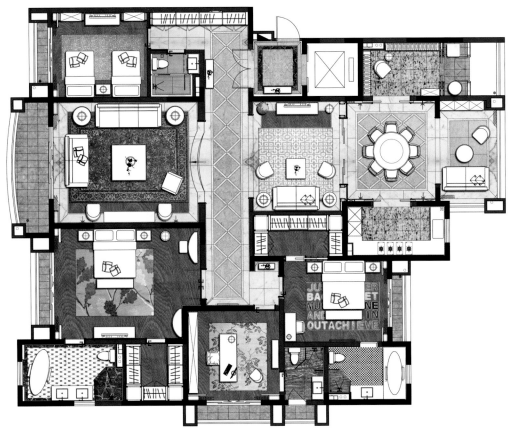

平面布置图

餐厅的设计简约而典雅，圆盘大吊灯的搭配带给人高雅、优美的贵族感，赋予餐厅浓郁的艺术气息。简欧座椅上素雅的小波点显得十分优雅，精致典雅中散发着不可抗拒的魅力，餐厅旁边是用仿古镜打造的隐藏式酒窖。

公共区域除餐厅、客厅、家庭厅外，还有休闲厅。休闲厅的大落地玻璃窗，将庭院的绿色景致引入室内，暖阳可通过大树晒在懒洋洋的沙发上，带来温暖的气息。欧式拉扣式的沙发配上条纹的座椅以及绒布的座椅，貌似风格各异，其实并不突兀，反而散发着时尚的气息，更显得和谐统一。白色的柜体清新素雅，点亮了整体的空间色彩，营造了温馨优雅的氛围。棕色的树枝印花地毯彰显了主人渊博的知识与内涵。

主卧将欧式与现代简约相融合，印象派的地毯与棕色木纹地板交相辉映，其中跳跃的红色抱枕与红色水晶吊灯融为一体，天然而和谐。主卧的卫浴间也融入了高雅的元素，偌大的浴缸两面都是浅色的玻璃镜，让人有种浑然一体，自我欣赏的境界。

老人房采用了双人床，白色陈设柜里摆着精美的瓷器体现了父母不俗的生活品位，棕色的木地板散发出浓厚的自然气息。儿童房紧挨着主卧，虽然空间并不大，但容纳了卫生间、衣帽间，并且给人感觉非常宽阔，其设计亮点为小小的卫生间却与一整面的艺术玻璃融合装饰，显得时尚大气，关闭时犹如一面完整的玻璃。

长沙·中航城翡翠湾A1户型

设计公司：SCD香港郑树芬设计事务所
设计师：郑树芬（Simon Chong）
参与设计：杜恒（Amy Du）、陈洁纯（Chen Jiechun）
面积：208平方米

设计说明

这是一个色彩平衡、层次丰富的空间，米色和咖啡色系的搭配是这里最经典的色彩基调。设计师采用欧式古典融合现代简约的手法，打造出一个优雅、惬意的空间，细微之处更透露着设计师对当代文化的独特理解。经典的线条、奢雅的色调与富有张力的现代抽象画相互混搭，完美展现出新旧两种元素相互融合的美学观。

客厅的设计以高级的淡灰为空间背景，在浪漫尊贵的水晶、丝光绒布、黄铜饰品等的烘托下，彰显出欧式风格的典雅与华贵。纯白色天花上简洁干练的现代设计线条简化了传统欧式的琐碎藻饰，以明快而有气度的手法重新诠释了现代意义的欧式典范。家庭厅延续客厅典雅的风格，温馨和谐的氛围带给家人无尽的舒适感。

在家具的选用上，设计师采用欧式家具，并以中式对称的陈列方法摆置，重视家居现代简洁的风格及材料转换的处理。在空间中饰以大量有张力的、笔触感厚重的抽象画，起到强化空间意韵的效果。

餐厅设计力求沉稳大气，强调材质间的对比与结合，以及颜色间的微妙搭配与变化。红棕色实木长方形餐桌、橄榄黄布印花面料餐椅、纯白色红酒柜、黑色线条镜面，古典材质与现代材质形成鲜明的对比，但又无不在诉说着空间的和谐。

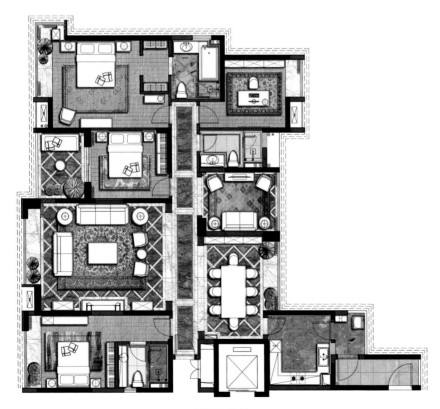

平面布置图

纯净淡雅的色调、线条圆润的床头软包、淡粉色绗缝床品，都赋予主卧温暖舒适的气息，给居住者一个舒缓疲劳、放松身心的静谧空间。

现代与欧式的交汇总会带来意想不到的审美体验，通过提取传统欧式的经典元素和生活符号，以合理的搭配、布局、设计，将典雅的欧式美学韵味融入简约的现代结构中，在满足现代便捷生活的同时，整个空间也堪称是简约大气、低调内敛的空间典范。

Q：提问

1. 欧美风格最大的特色在哪里？

A：解答

欧美风格是欧式风格和美式风格的集合，每一种风格其实都是文化的积淀。美国是个崇尚自由的国家，这也就造就了他们一种比较随意的生活方式，美式的装修没有太多装饰，体现出一种休闲的浪漫。而欧式就比较厚重一点，有很强烈的文化表达。

Q：提问

2. 欧美风格在设计上有哪些要注意的？

A：解答

设计上最需要注意的应该是对光线的控制。灯光是一种很好的营造气氛的道具。灯光没有搭配好，风格就容易显得不伦不类，这是从效果上讲。当然人居空间最重要的是舒适，要注意考虑人的舒适感和空间的实用性。

Q：提问

3. 最能体现此种风格的软装是什么，这种产品应该有些什么样的特质？

A：解答

美式的装修比较简单，在塑造风格时，软装家具的作用就比较大，应该以简单舒适为宜，再配合视觉呈现来挑选。欧式装修在硬装上已经可以初步体现风格了，软装的作用是加强风格，所以在挑选时，舒适感和装饰性是并重的。最能体现风格的软装不外乎就是墙纸和家具了。

Q：提问

4. 国外的欧美风格和国内常见的欧美风格空间，有什么样的差异？

A：解答

现在很多国内的欧美风格空间看上去比国外的欧美风格还要典型，因为我们对欧美文化的理解其实是有差距的。这样的差距会导致我们的目光过于集中在几个经典的欧美风格设计上，所以我们造出来的欧美风格，很典型。国外的家居设计，因为他们就身处这样的文化里，对于文化的处理就多了点随意性，打造出来的空间也就更加轻便。

周华美

品川设计董事长、总设计师

设计宣言：让设计与艺术完美结合。

作品刊登：《2007年全国室内设计获奖作品集》《华人室内设计经典》《现代装饰》《金牌装潢世界》《2009中国顶级Spa》《全球最新样板房设计大赏》《2010中国顶尖样板房》《2010中国新中式样板房》

Q：提问

5. 居住空间要形成欧美风格，要如何规划？

A：解答

规划空间最根本的出发点一定是主人的生活习惯，所以空间规划的方式应该是确定好想要的风格后，从主人出发，统筹整个空间，比如这个空间该怎么利用，怎样对主人来说是方便的，把这些东西解决了，再来考虑风格的表现。就像我们画画，一定是要线稿都画好了，再来上色。

Q：提问

6. 欧美风格家居，对使用者的生活有何影响？

A：解答

家居对使用者生活的影响，一方面表现在设计上，用设计去改变主人一些不好的习惯。另一方面，体现在对使用者的心情的影响上。欧美风格的家居实际上带有一种慵懒的感觉，欧式美式都一样，不同的是美式更休闲，欧式带有点仪式感。

Q：提问

7. 设计过程中，应该如何保持设计理想与现实之间的平衡？

A：解答

这就要注意设计是否可实施。我们会努力去完成客户对空间的期望，但是对于他们提出的不可实现的要求，我们也会提前告知，共同商量寻找解决方案。

Q：提问

8. 欧美风格的精神是什么，一般人可以自己打造吗？

A：解答

欧美风格的精髓应该是舒适，实际上任何风格的家居设计，最终目的都是舒适。自己打造美式可能相对简单一些，把家居改造成欧式可能工程量相对要大一些。

对话设计师

世贸天成

设计公司：品川设计
设计师：周华美
面积：1 000 平方米

设计说明

走进这座房子，一种浓浓的欧式家居情调将人深深吸引。屋内的内饰完美地体现了欧洲贵族宫廷风范，置身其中，仿佛穿越回到了中世纪的豪华宫殿。

客厅使用大面积实木墙面与米色系地毯，两个色系的完美搭配，将整个空间从视觉上十分和谐地融合起来。两侧对称的沙发摆设，无论从颜色还是质感上都充满华丽感，而上方悬挂的金黄色水晶灯饰也成了绝妙的点睛之笔，在搭配上更相得益彰。

豪宅内的装饰可谓是精益求精。镶嵌金箔的奢华吊顶、镂空扶杆、壁画、雕塑、壁炉，因为有了这些颇具年代感的艺术品，整个空间散发出浓浓的艺术气息和典雅风韵。餐厅内的摆件，墨绿色的餐椅设计师也十分大胆地运用了色彩之间的碰撞，为餐厅增添了一抹复古色彩和异域神秘情调。随着时间的推移，这幢房子就像一个精美的宝盒。各个时代的家具在这里交替，让人有宛如时光交错的感觉。

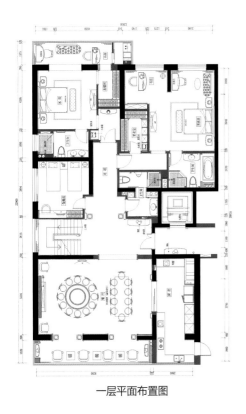

一层平面布置图

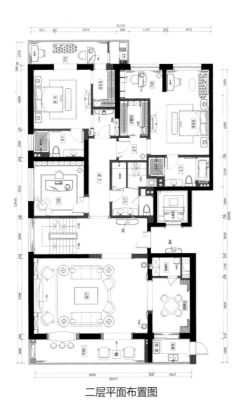

二层平面布置图

三层平面布置图

在主卧室中，设计师依旧选择实木墙面，整体空间呈现温馨的棕色调，加上明亮的白色天花板，经典的紫色系软包，让主卧别有一番味道。墙面上的碎花画框，复古的家具，无处不在的细节彰显主人的不凡品位。

相较于主卧，次卧的格调给人一种北欧风格的深刻印象。增添的一抹森林绿，给人纯净、舒适的感觉。将复古家具融入到现代北欧空间中，是现在流行的清新混搭风格。简单有趣的装饰画，为居室带来出其不意的欢乐活力。

Q：提问

1. 欧美风格最大的特色在哪里？

A：解答

欧美风格源于古代欧洲文明，从文艺复兴开始的文化与艺术的传承，从初期的宗教神权色彩，到后期的君主皇权统治，最大的特色是庄重、恢宏、富丽堂皇，有非常浓烈的艺术气息。

Q：提问

2. 欧美风格在设计上有哪些要注意的？

A：解答

欧美风格设计第一要讲究对称原则，房间的布局一般以中轴线为对称轴，强调一种仪式感，让人有种庄重、大气、稳重的感觉，如大厅和一些功能空间的设计。第二是讲究平衡感，讲究色彩协调和材质的平衡。个人认为欧美风格尤其要注意一些的是，它不是简单的材料和雕刻的堆砌，它更注重历史和文化的内涵，以及当代思想的融合和交流。也就是说我们不希望做一个宫殿式的表面化的一个作品，而是一个既有文化渊源又有时代内容的一个有血有肉的作品，这个是设计上要注意的。

Q：提问

3. 最能体现此种风格的软装是什么，这种产品应该有些什么样的特质？

A：解答

因为欧美风格在硬装上多采用天然的石材、木材，所以在软装的搭配上一般要强调空间的软化，尤其是一些棉、麻面料的应用，这种自然的材质，在款式和款型上更喜欢用褶皱创造出来的阴影变化来达到软化家居的目的。另外，一些文化性和艺术性的艺术品，包括油画，也是欧美风格中的点睛之笔，作为一种传承和一种文化性的交流，会使房间更灵动，更富表情。

Q：提问

4. 国外的欧美风格和国内常见的欧美风格空间，有什么样的差异？

A：解答

因为经常会去国外进行交流，我觉得国外设计师对历史的把握更灵活，或者说更幽默诙谐。另外，国外的房子多数都是一些老房子，我们的房子大多数是新房子，老房子里本身就有很多文化和建筑符号的遗留，所以国外的处理通常会把房间的遗留部分保留好，用一些对比的，冲突的手法来实现居室内历史和当代的结合，很有感染力，也很纯粹。国内往往受欧式的表皮框架的影响，希望去创造一种原汁原味的所谓的欧美风格，但是个人认为与建筑化和表皮化相比较，更缺少和当代的交流和内涵。所以说也希望我们国内的设计师和国内的作品能真正地用全球化视角去看待设计问题，让呈现出来的作品真正具备时代精神。

杨星滨

沈阳一然空间设计装饰工程有限公司创办人、设计总监

沈阳设计界的领军人物，被誉为最具思想的设计师。毕业于清华大学环艺系，从事设计行业以来，一直致力于尖端的室内设计，以丰富的经验与深厚的素养，将自然的、生活的元素结合到设计作品中，为居者独有的生活方式增添美学艺术。对美感坚持，对细节挑剔，设计作品，轻奢中见细节，华贵中见品位。

5. 居住空间要形成欧美风格，要如何规划？

A：解答
首先要注重空间布局的层次感，也就是说从玄关、走廊到客厅、餐厅再到西厨、中厨，再通过功能走廊到每个居室，要强调布局的层次性，要把所有的功能布局分开，分开之后再定义每一个房间的属性，做到功能独立，条理清晰。

Q：提问
6. 欧美风格家居，对使用者的生活有何影响？

A：解答
我想更多的是生活方式的影响。因为家居理念或者说家居形式，它实际上是一个对使用者生活的再造过程。那么这个过程之中，欧美的一些生活习惯会真正地随着家居的一些形态而延伸过来，这对使用者的生活功能和生活习惯来说是有本质的变化的，如厨房的烹饪理念，或者英式喝早茶的习惯，都会随着家居文化的流行而蔓延过来，影响下去。

Q：提问
7. 设计过程中，应该如何保持设计理想与现实之间的平衡？

A：解答
从事设计行业以来，渐渐地认识到设计理想和设计现实之间的关系类似于设计实现和设计执行之间的关系，当然理想一定是高于现实的，但是有时又源自于多姿多彩的现实。这其实是设计中非常有趣，非常唯美的一个过程。对于设计师来讲我们更喜欢理想与现实的不平衡，有时候我们希望能超越理想，就是基于理想方向但是超越理想所限制的一些东西，从某种程度上来看，这也是设计师这个职业最大的乐趣和与众不同之处。

Q：提问
8. 欧美风格的精神是什么，一般人可以自己打造吗？

A：解答
从不同的时代来看，每一个时期的欧洲文化是不同的，比如说洛可可、巴洛克等。每个时期的家居设计都会随着文化的不同而有所变化，但是早期的欧美精神反映的是神权，仪式感很重，极为庄重，而后期的欧美风格反映的是皇权，所以变得较为精致，有极强的艺术性。个人认为从东方的角度讲，我们理想中的欧美空间其实就是不同文化相互碰撞、融合下的一种憧憬。我认为一般人完全可以自己打造欧美风格的空间，因为我们并不是要打造一个欧美的宫殿，而是实现在多种文化熏陶下的交流。

Q：提问
9. 在您的设计职业生涯里，有什么难忘的经历，能否分享一下？

A：解答
在设计思想转变过程中会有特别难忘的经历，比如说以前设计的作品可能更注重商业性的表情和语言，只考虑作品的完美，而忽略空间的使用者，其实人也是作品的一部分，真正的作品是以实现人与空间的互动与交流满足使用者自然、舒适的使用要求为目标的，那么当理解了这点之后，就真正懂得了做设计其实不是在讲一个个大道理，而是在创造一个个小感动。

Q：提问
10. 推荐几个您欣赏的设计师和几本优秀的设计类图书吧，为什么是他们而不是其他人？

A：解答
个人比较欣赏日本的设计大师隈研吾，还有国内的优秀设计师如恩，书籍方面比较喜欢隈老师的《十宅论》。
从设计的发展和回归来讲，我们东方人较为注重的是人与自然的平衡，以及在这种平衡状态下的一种新的交流，也更喜欢情感上的涟漪式交流和循序渐进，我认为这也是东方哲学和东方美学的根本。

对话设计师

凤凰水城洋房样板间

设计公司：沈阳一然设计
设计师：杨星滨
摄影师：盛鹏
地点：辽宁沈阳
面积：158 平方米
主要材料：高光檀木、铜、水晶世纪米黄大理石、羊毛纤维壁纸

设计说明

空间的合理利用，使房间的每一处细节，均突显出生活的价值。高光檀木、铜条等材质的运用，将空间的开阔性、品质感表现得淋漓尽致。客厅布艺、皮质沙发、大理石与不锈钢茶几的混搭，充满时尚与动感。厨房吧台，既可品茗，又可于此小酌一杯红酒，是典雅，更是高贵。创意的男孩房、雅致的书房、温馨的主卧、实用的衣帽间、梳妆台等使主人既能体会居住乐趣，又能尊享品质生活。

Q：提问

1. 欧美风格最大的特色在哪里？

A：解答

欧美风格主要的特点是营造一种气势宏大、富丽堂皇又富有豪华的艺术气息。

Q：提问

2. 欧美风格在设计上有哪些要注意的？

A：解答

墙面线条的处理、雕花的运用、吊顶的造型、软装的搭配等。

Q：提问

3. 最能体现此种风格的软装是什么，这种产品应该有些什么样的特质？

A：解答

每个产品的每个细节都有它所要彰显的特点，比如家具一般都带有弧度，体现一种浪漫精神；面料选用提花面料，显得更大气奢华；吊灯大多选用铜加水晶，体现整体的奢华感。

Q：提问

4. 国外的欧美风格和国内常见的欧美风格空间，有什么样的差异？

A：解答

由于欧美风格本身就是西方的本土风格，与他们的历史人文息息相关，所以国外的欧美风格看起来都非常有年代感，值得我们去学习。而国内的欧美风格因倾向于奢华感的营造而往往忽略了历史感。

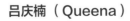

吕庆楠（Queena）

上海壹陈建筑装饰设计工程有限公司软装设计师

经典作品：南通启东欣乐城样板间、南京中垠售楼处、上海万科五玠坊顾宅、昆山绿城玫瑰园萧宅等。

Q：提问

5. 居住空间要形成欧美风格，要如何规划？

A：解答

个人认为欧美风格比较不合适小户型，因为此类风格的家具都比较大，所以首先房间不能太小。挂画可以选用一些带有人文气息的油画，当然画框也很重要，可以选用一些带有鎏金或金箔的画框等。

Q：提问

6. 欧美风格家居对使用者的生活有何影响？

A：解答

欧美风格家居具有大气、舒适等特点，能为使用者提供较高生活品质的生活。

Q：提问

7. 设计过程中，应该如何保持设计理想与现实之间的平衡？

A：解答

理想总是会与现实相冲突，而且常常格格不入。保持平衡其实很难，一方面要坚持自己的设计理念，另一方面要充分考虑到成本或者客户的想法。

Q：提问

8. 欧美风格的精神是什么，一般人可以自己打造吗？

A：解答

比较重视历史人文，是建筑与雕刻、绘画的综合，同时也吸收了文学、戏剧、音乐等领域里的一些因素和想象。

Q：提问

9. 在您的设计职业生涯里，有什么难忘的经历吗，能否分享一下？

A：解答

我记得我第一次去摆场的时候，那时候工作经验也不多，由于工作量比较大，时间也比较紧迫，连续熬了十几天每天只睡3~4个小时，完工后瘦了很多，这件事情我非常难忘。

Q：提问

10. 推荐几个您欣赏的设计师和几本优秀的设计类图书吧，为什么是他们而不是其他人呢？

A：解答

我近几年一直在订阅《安邸AD》以及《家居廊》，我觉得里面的内容丰富，有品牌、有产品、有理念、有案例，比较全面。

对话设计师

东营万芳园B户型别墅样板间

设计公司：上海壹陈建筑装饰设计工程有限公司
主案设计：刘宏
软装设计：吕庆楠
摄影：三像摄
面积：251 平方米
主要材料：爵士白大理石、黑美人大理石、拼花马赛克、拼花地板、实木复合地板、墙纸

设计说明

小区定位为别墅洋房居住区，为城市层峰人士打造。本案延续售楼处的法式风格，摒弃了庄严恢宏的气势，在浪漫优雅上做足文章。

设计师在优雅浪漫的主基调下又营造出移步换景的空间美感，强调建筑、绘画与雕塑以及室内环境等的综合，亦平衡了空间贵气带来的感官冲击。绚丽闪耀的水晶吊灯，凝聚偌大空间的情感，华丽却不落俗套。镜面长廊，有着水面波纹交错的柔性与动态，突显出引人驻足的奢华布局，也表现了设计师对大宅精神的掌握。

蓝色的家居软装为白色的空间酝酿出浪漫矜贵的格调，亦是这唯美的蓝，将浪漫与高雅的法式风格渲染到极致。

儿童房清新的粉色，让整个空间充满着无限的生机和公主般的浪漫情怀。

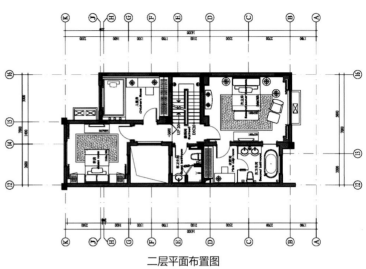

二层平面布置图

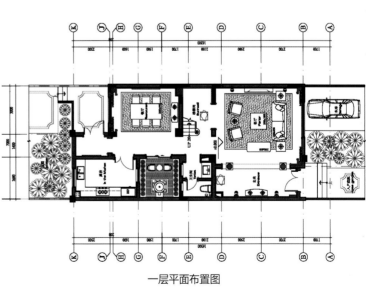

一层平面布置图

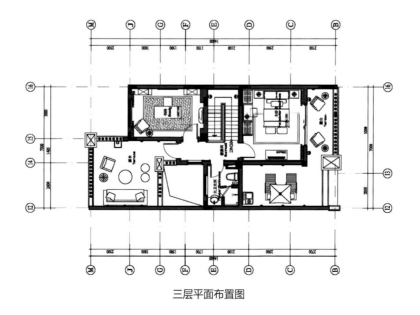

三层平面布置图

东营万芳园C户型别墅样板间

设计公司：上海壹陈建筑装饰设计工程有限公司
主案设计：陈峰、李小斌
软装设计：张妍
摄影：三像摄
面积：269 平方米
主要材料：帝王石大理石、摩洛哥金啡大理石、米白洞石大理石、硬包、墙纸、实木复合地板

设计说明

美剧的流行带来了美国文化的盛行，也影响着当下一代人的饮食、穿衣风格、生活态度等。美式文化在家居装饰行业中的影响也愈显重要。

本案设计师打造的美式家居风格既有文化气息、贵族气质，又不缺乏自在感与情调感，这些元素也正迎合了人们对新生活方式的追求。

浅色调的墙体与黑色、暗红色、褐色及深色的软装饰品形成有力的视觉冲击，同时衬托出空间的包容性。沉稳粗犷的深色家具，强调出空间的厚重感与实用性；彰显迷人细节的造型、纹路、雕饰细腻高贵，散发着亘古而久远的芬芳。

儿童房描绘出一个航海的梦想，无论从蓝白红配色上，还是轮船造型的床、充满海洋风情的饰品，都在诠释着勇敢的美国探险精神。

设计师用空间陈设的语言讲述了当今城市中坚分子自然纯真的生活追求和骨子里透露出的些许野性不羁。

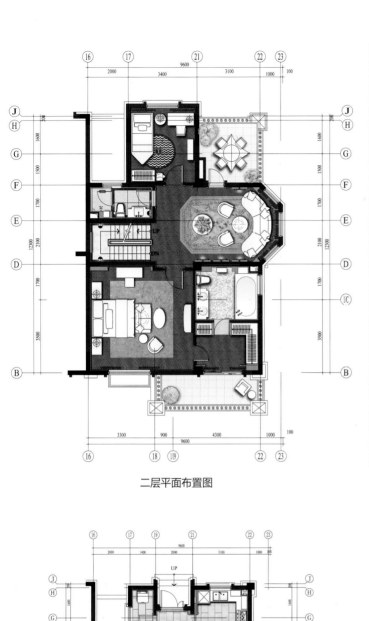

二层平面布置图

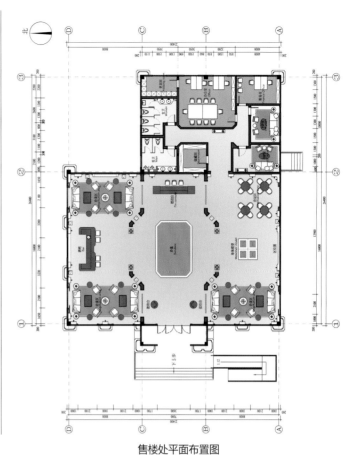

售楼处平面布置图

一层平面布置图

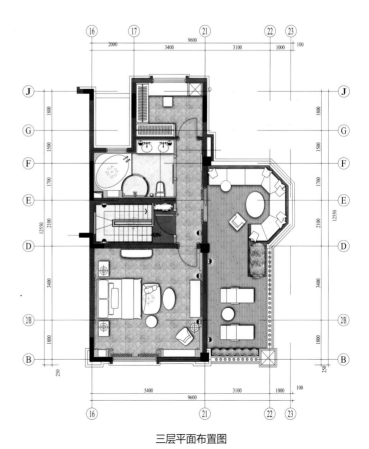

三层平面布置图

Q：提问

1. 欧式风格最大的特色在哪里？

A：解答

欧式风格常留给人以华丽精美、庄重典雅的视觉印象，在我看来这些并不能诠释欧式风格的全部，其中包涵更多的是欧洲悠久的历史和深厚的文化底蕴。欧式风格的分类很多，它是对整个欧洲装饰艺术的统称，不同时代思潮和地区特点也有不同的表现形式。该风格共同性的特点在于空间对称美感的布局，力求营造一种和谐、端庄、典雅的空间气质。通过采用线条、花纹、立柱等传统元素符号来凸显空间的立体感，对细节追求精益求精，这点在欧式建筑上同样展现得淋漓尽致。

Q：提问

2. 欧式风格在设计上有哪些要注意的？

A：解答

我认为欧式风格的设计要注重对欧洲历史文化的挖掘，抓住要表现的时代特征是非常关键的，不能只停留在形式上。欧式风格涵盖的面非常广，在开展设计工作之前一定要深入地分析和解读风格特征及表现形式，不然很容易出现风格混淆或软硬装不搭的现象。

Q：提问

3. 最能体现此种风格的软装是什么，这种产品应该有些什么样的特质？

A：解答

欧式风格的软装有很强的风格特征，我认为最具有代表性的当属欧式家私。该风格家私对造型极其讲究，不仅形体宽大，线条柔美，还要配以精致的雕刻来加强层次感。每一款经典的欧式家具都流露出精雕细琢、精益求精的工匠精神。

Q：提问

4. 国外的欧式风格和国内常见的欧式风格空间，有什么样的差异？

A：解答

国外的欧式风格在设计上相对纯粹，对时代感和地区特征的把握也相对精准。国内的欧式风格多是经过提炼后的简欧概念，通过对传统繁复的元素符号进行净化、精简来保留欧式风格的特点，这种设计手法当今也更符合现代人的审美要求。两者的差异主要是从不同的视角去解读欧洲文化及美学艺术，前者多以人文历史为着眼点，将欧洲的本土文化融入整个设计之中。后者常会在欧式风格的基础上掺入一些东方元素作为点缀，出现一种东意西境的混搭风格。

殷艳明

深圳市创域设计有限公司创办人
高级室内建筑师

主要著作：2010年编著出版设计专辑《设计的日与夜》《憶美》。

社会荣誉：2011、2013年"金堂奖"中国室内设计年度样板间/售楼处十佳作品；2014年深圳市装饰行业十佳精英设计师；2014年第一届中国软装设计艺术金凤凰传承大奖。

5. 欧式风格家居，对使用者的生活有何影响？

A：解答

欧式风格的居住者大多是崇尚西方历史文化，追求高雅生活品质的精英阶层。它强调以精致典雅达到雍容华贵的装饰效果，浪漫的罗马帝、富有年代感的油画、制作精良的雕塑艺术品，都突显出欧式风格独特的艺术气息，带给居住者不尽的舒畅触感和惬意浪漫的生活格调。

Q：提问

6. 居住空间要形成欧式风格，要如何规划？

A：解答

首先在空间形式上要有对称、规整的布局，以中轴线来划分空间，这种方式有助于加强空间内在的序列感，展示出端庄典雅的空间气质。其次，在造型上要注意比例、美感的把握，例如欧式传统的柱式，对柱头、柱身、柱基在不同形式中对尺度比例的要求都是不同的。在色彩的应用上，浅色系可以带给人一种高贵典雅的视觉感受，深色系则衬托出一种厚重的时代感，两者搭配从而达到空间的和谐之美。再次是灯光的设计，灯光投射在线条上带来丰富多变的光影效果，加强空间的立体感。材质多以金属、水晶、绒布等反射较强的材质为主，通过反射来达到晶莹璀璨的艺术效果。最后是配饰部分，油画、雕塑及花艺都是体现空间意境的重要组成元素，在选取的过程中要注意风格体系的完整性。

Q：提问

7. 欧式风格的精神是什么，一般人可以自己打造吗？

A：解答

欧式风格传达的是一种西方多元化的人文精神。我认为想要设计好这种风格并不是一般人所能及的，打造这种风格必须理解欧洲的传统历史和深厚的文化底蕴，仅通过形式层面来解读和设计是不能赋予空间以文化艺术气质的。

Q：提问

8. 设计过程中，应该如何保持设计理想与现实之间的平衡？

A：解答

对于设计师而言，作品的空间总是会有大小的界定，而设计的边缘却是与生活的疆界相平行，这注定设计本身是一个大概念，是一种跨界的艺术，这不仅表现在设计思想来源和想象创意的宽广，而且表现在设计手段涵盖了声、光、电、材料、艺术品等诸多门类的知识，它们的发展会给作品注入更多时尚的元素。当然，我们还必须看到室内设计区别于艺术作品的本质之处是：它首先是商业设计。当你张开想象的大网，收获诸多想法，收获之后还必须对这些理想状态下的创意思维作减法，凝聚出核心的思想以达到商业行为的本位价值。因而室内设计与商业价值既相依存又相矛盾，很多优秀的设计作品正是游离于二者之间，处理好这两者间巨大的张力而产生了魅力，这就是一个"巧"字，立意的巧，使用功能的巧，更多的是平衡相互关系的巧。

Q：提问

9. 在您的设计职业生涯里，有什么难忘的经历吗，能否分享一下？

A：解答

职业生涯中我觉得设计的匠心与传承是很重要的，在1997—1999年，因为沈阳皇朝万豪酒店项目（当年东北第一家国际五星级酒店）的关系，我作为香港一家设计公司主管在现场负责设计与项目监理，两年的项目历练，让我充分明白从设计到落地的艰辛。之后我因这个项目承接了另外两个项目，其中大连阜朝酒店荣获2009年"金堂奖"中国十大酒店空间设计师荣誉称号，当时因为扎实的手绘基本功，在与业主十几分钟的交流和现场手绘草图后就确立了合作关系，这是个小故事，但是可以看出用心做设计是真正能得到认可的。

Q：提问

10. 推荐几个您欣赏的设计师和几本优秀的设计类图书吧，为什么是他们而不是其他人呢？

A：解答

《设计的觉醒》《34位顶尖设计师的思考术》。
日本设计师隈研吾、德国设计师丹尼尔·里伯斯金。

对话设计师

万科·五龙山别墅大独栋样板间

设计公司：深圳创域设计有限公司 / 殷艳明设计顾问有限公司
设计师：殷艳明、张书
面积：660 平方米
主要材料：石材、墙纸、拼花木地板、木饰面、拼图马赛克

设计说明

五龙山别墅大独栋位于成都北部新都区，别墅群背山面湖，是大隐于市的优雅栖居之地，圈层文化业态的形成缘于商圈和居住群体常年来往于世界各地，倾心于传统欧式生活方式与情调，本案为以独特和具有创新精神的巴洛克风格打造出的新古典、宫廷式奢华风格的作品，不仅符合项目注重家族传承的高端定位和设计诉求，其融中于西的精神理念也满足了客户群对贵族化生活品质和文化氛围的需求。

本案强调软硬装一体化的设计理念，并通过空间与软装陈设的设计语言去解读巴洛克风格的特质与亮点。任何风格只有运用在适合的空间中，才能彰显其精神价值与独特的个性。设计师突破以往传统的别墅定位，以全套房型空间，并利用空间高度加入楼层之间的跃层空间双管齐下，从平面布局开始便把巴洛克风格的奢华、恢宏与浪漫主义色彩的灵动赋予空间强烈的立体感。从概念色彩体系、灯光体系、艺术文化解读和造型体系几个方面入手，把17世纪末巴洛克风格盛行时期的雍容华贵与同时期在中国传教的意大利画家郎世宁的宫廷绘画艺术相结合，中西合璧，巧妙而自然。西方设计界流传着一个观点："无中不贵气"，17世纪那朵跨越时空的皇家宫廷艺术之花，通过中西合璧的巴洛克恋曲在空间中缓缓盛放，既是对历史的感怀，也是向巴洛克艺术风格的致敬。

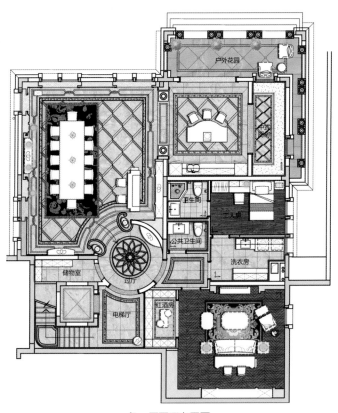

负一层平面布置图

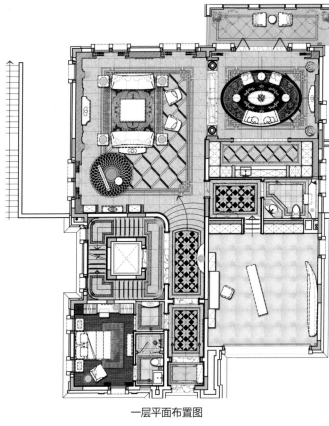

一层平面布置图

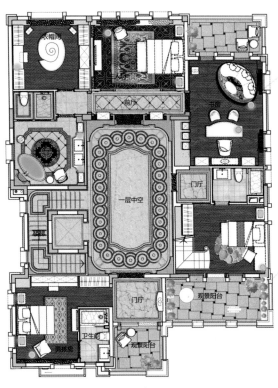

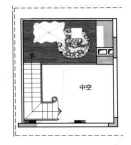

位于一层的客厅会客区以宝石蓝色系为主，在西方宗教传统中宝石蓝是皇族与贵族钟爱的颜色，迷人而优雅，处处彰显贵族的气息。壁炉背后的黑金手绘壁纸，展现出主人对欧洲文化深厚底蕴的流连与玩味。整体设计方正大气，沙发群组与壁炉、吊灯及挂饰相映生辉。天花形态曲直相生，图案与光影交汇，展示了巴洛克风格动态中的平衡美感。古琴的设置让空间在精神层面上有了更高品位的追求。

女士餐茶区以酒红色为主，区域的设置突显了人性化的关怀和优雅生活方式的尊贵，孔雀蓝与羽毛让闲适雅致的空间有了鲜活的气息。

二层是主卧，空间内的所有家具与软装配饰格调相同，地面古典图案的咖啡色地毯与拼花木地板、金色雕花的屏风，柔化了居室的硬朗质感。在整体营造奢华氛围的同时，床头绢上绘画《百骏图》更突显低调中的奢华。

浴室的设计精致、优雅。孔雀摆件姿态怡然，绚丽夺目。洗手台采用烟玉大理石，搭配古典贝壳马赛克的铺砌，定制金色椭圆镜的点缀，营造出浪漫、舒适的空间氛围。这不是一个传统意义上的浴室，而是可以品酒、愉悦身心的休憩之所。

二层平面布置图

中庭空间承上启下，水晶吊灯与绽放的花型、地面的圆形图案都在优雅中传递空间的气质与精彩，形与意、态与势展露出瑰丽奢华的贵族风范。

负一层大厅改设为宴会厅，是一个具有仪式感的重要空间。宴会厅空间布局与软装陈设热烈、激情而又华丽，巴洛克激情艺术的气氛展露无遗，金色与蓝色的碰撞给人强烈的视觉震撼。

男孩房以海蓝色为主，同时在局部点缀以白色，运动、时尚，色彩沉静，高贵中渗透出年轻人的气质与修养，给人带来创意、时尚的动感。女孩房粉紫色的主色调让人觉得甜美温馨，跃层空间的儿童活动区开放而有浓厚的童话气息，缤纷的色彩洋洋洒洒造就了一个童心世界。父母房色调沉着、层次丰富，中式

纹样图案与配饰青花瓷相得益彰，在光影中传递出美好的感性体验。

多功能厅空间色彩浓烈，打破理性的秩序和宁静，强调激情的艺术，家具、灯具、饰品、布艺……它们随着空间的韵律节奏、功能主题的转换，而呈现出浓郁的浪漫主义色彩。

本案立意非新，贵在完整贯彻了软硬装一体的设计初衷，细细研磨，终有回响。准确的定位与理念是设计落地的根本，一个成熟的设计作品必是贴近生活、融入历史的，真正打动人的不是繁复与冗杂的造型、线条，也不是流光溢彩的水晶灯饰与装饰，而是对设计的追求与执着。奢华而又雍容尔雅，华丽只是表象，空间的情感才能真挚动人。

Q：提问

1. 欧美风格最大的特色在哪里？

A：解答

严格来说，欧式风格与美式风格属于两大类派系，各自的特色都和文化有密切的关联。欧式风格里面又分古典、现代、巴洛克、洛可可、西欧、北欧等风格。美式又分古典、现代、乡村等风格。如果非要笼统地说它们相对于东方风格的特色，那就是更加开放，自由。与东方的谦卑相比，内敛是相对的。

Q：提问

2. 欧美风格在设计上有哪些要注意的？

A：解答

设计上需要研究欧美的文化背景以及生活方式的不同，做到既向远方的欧美文化致敬，又适合我们中国人的生活。

Q：提问

3. 最能体现此种风格的软装是什么，这种产品应该有些什么样的特质？

A：解答

设计是空间、硬装、软装之间的相互配合与协调。离开配合，任何单一的设计语言都是乏味的，所以在我看来没有所谓的最能体现此种风格的软装。

Q：提问

4. 国外的欧美风格和国内常见的欧美风格空间，有什么样的差异？

A：解答

现在的欧洲和美国的空间设计更多地融入了现代的元素，照顾到了空间使用者的心情。而国内很多所谓的欧美风格作品还停留在符号的堆砌上，往往给人厚重的沉闷感。不过这两年也涌现出了一些优秀的具有现代感的欧美风格作品。

贾峰云

贾峰云原创设计中心创办人

社会荣誉：

连续3年入围国内室内设计"奥斯卡"——金外滩奖；

《美国室内设计（中文版）》全国设计师排名TOP10设计师；

2013年中国建筑学会室内设计分会CIID家居设计奖。

5. 居住空间要形成欧美风格，要如何规划？

A：解答

空间规划以中国人的生活方式为主，毕竟实用是关键。硬装点到为止，软装丰富有个性并带有典型的欧美风格特色。

Q：提问

6. 欧美风格家居，对使用者的生活有何影响？

A：解答

设计都是为人服务，没什么特别影响。

Q：提问

7. 设计过程中，应该如何保持设计理想与现实之间的平衡？

A：解答

设计师需要有设计梦想，因为梦想可以让我们在遇到困难的时候更加乐观勇敢。努力把梦想变为理想，把理想变为目标，然后为目标制定切实可行的计划，再付诸有效的行动，实现梦想只是时间问题而已。理想是心中的目标，现实在行动！

Q：提问

8. 欧美风格的精神是什么，一般人可以自己打造吗？

A：解答

现代的欧美风格主要表现为开放、自由。自己可以有主导思想，但很难全面把握，具体设计还是建议请专业设计师。

Q：提问

9. 在您的设计职业生涯里，有什么难忘的经历，能否分享一下？

A：解答

最难忘的就是一个10年前的业主告诉我，现在看来，当年我为他设计的房子还不过时。

Q：提问

10. 推荐几个您欣赏的设计师和几本优秀的设计类图书吧，为什么是他们而不是其他人？

A：解答

梁志天、高文安、邱德光、安藤忠雄、贝聿铭。建议购买他们的专辑。他们的设计，骨子里有很强的东方气场。

对话设计师

聆湖别墅

设计公司：贾峰云原创设计中心
软装设计：贾峰云原创设计中心 & V8 陈设设计工作室
面积：450 平方米
主要材料：美国红橡、花梨、无纺布壁纸、樱桃木、大理石

设计说明

别墅设计最讲究的也许不是风格的应用，也不是奢华氛围的营造，而是空间结构合理而恰当的处理，因而本案在空间结构上做了很多优化处理。如原来的厨房太小，把隔壁的小工作间改进来，厨房就够用了。旋转楼梯是改造出来的，原来的直楼梯结构不仅死板有失美观，且上下楼不方便。

别墅原本没有地下室，地下酒吧和会客茶室、棋牌室、客房都是改造出来的。虽然设计的工作量比较大，但当作品最终完美地呈现出来的时候，才发现前期所有的辛劳都是值得的。

花梨原木的入户大门是从深圳定制，款式非常独特，为设计师一眼看中。几经周折安装调整到位，气场十足。玄关看上去豪华大气，其实也极为实用，整面墙的鞋帽柜方便收纳，美观和实用兼顾。由于客餐厅是错层的，楼梯栏杆比较多，实木栏杆带来的厚重感让人倍感压抑，而铁艺栏杆相对来说则较为轻便，而且多了些许优雅气质。客厅中的墨绿沙发配上后面的玉石壁炉，色调和谐。顶面低调奢华的银箔处理是业主追求精致生活的体现。

卧室中，天花造型搭配家具陈设，尽显空间的大气与奢华。

Q：提问

1. 欧美风格最大的特色在哪里？

A：解答

奢华、庄重、精致、复杂、对称，是一种对物质发展高度文明的享受。

Q：提问

2. 欧美风格在设计上有哪些要注意的？

A：解答

欧美风格其实包含了欧式风格和美式风格两种。欧式风格最早来源于埃及艺术，其后的希腊艺术、罗马艺术、拜占庭艺术、罗曼艺术、哥特艺术、共同构成了欧洲早期艺术风格，也就是中世纪艺术风格。从文艺复兴时期开始，巴洛克艺术、洛可可风格、路易十六风格、亚当风格、督政府风格、帝国风格、王朝复辟时期风格、路易·菲利普风格、第二帝国风格构成了欧洲主要艺术风格。这个时期是欧式风格形成的主要时期。其中最为著名的莫过于巴洛克和洛可可风格了，深受皇室家族的钟爱。后来，新艺术风格和装饰派艺术风格成了新世界的主流。

美式风格源于欧洲，但与当地文化相融，多了一些随意和自在。所以分清风格第一步，也最为重要。

Q：提问

3. 最能体现此种风格的软装是什么，这种产品应该有些什么样的特质？

A：解答

壁炉、欧式古典家具、美式胡桃木家具、油画、水晶吊灯、黄铜壁灯、波斯地毯、丝绒窗帘等，大多数产品珍贵、稀有、价值不菲。

Q：提问

4. 国外的欧美风格和国内常见的欧美风格空间，有什么样的差异？

A：解答

国外的欧美风格，现在已经朝简单、舒适、精致、个性发展，国内还停留在对欧美风格的表面理解上，没能真正挖掘出其内在的精神予以设计。

关菲

南京六间堂空间设计有限公司设计总监

设计感悟：

设计揭示了三层含义：行为和功能、权力和地位、哲学和世界观，因此设计是立体的、多面的，兼具理性和感性、物质和精神。

好设计是一种平衡，一种诠释，是对生活品质的提升，是对生活需求的沉淀。

Q：提问

5. 居住空间要形成欧美风格，要如何规划？

A：解答

首先要评估空间是否合适，因为欧美风格所需的空间须较高大，有空间可以用来浪费和享受，地面多配以天然大理石，墙顶面搭配或多或少的装饰线条相呼应。

Q：提问

6. 欧美风格家居，对使用者的生活有何影响？

A：解答

欧美风格的生活源于对欧美文化的欣赏和向往，有一种对社会身份的认同感，积极上进、优胜劣汰、适者生存等思想是他们努力的动力，在一定的法则框架范围内，他们追求能成为社会的精英，引领和主导社会的发展，是积极参与社会活动的一群人。

Q：提问

7. 设计过程中，应该如何保持设计理想与现实之间的平衡？

A：解答

首先应该明确，设计不是艺术，是科学和艺术的平衡，是现实和理想的交叠，是寻找，是取舍，是选择，是统一。设计师只是辅助客户打造他的理想家园，是帮手，是伙伴。出现问题，肯定有它的解决方法，综合各方面因素，选择最合适的，协调好效果和功能、美观和实用。能转变为现实的理想才是最好的设计。

Q：提问

8. 欧美风格的精神是什么，一般人可以自己打造吗？

A：解答

欧美风格更多是欧洲文化、历史、社会的延伸，是对欧洲传统建筑学、美学的传承，是对贵族骑士精神的向往，是对精致优雅生活的渴求，表达了个人的社会认知。有一定的规则和标准，包含了黄金比例、人体工学等各种法则，一般人较难以打造。

Q：提问

9. 在您的设计职业生涯里，有什么难忘的经历吗，能否分享一下？

A：解答

2010年给一位大学老师设计房子时，我承诺说装修计划好，也可以很轻松，没有大家想的那么辛苦，然后设计大概做了三个月，施工做了半年，加上软装挑选，前前后后差不多近一年。今年，我再碰到她时她说，"最后能和业主成为朋友的设计师很少，所以你值得推荐。"当时听了非常感动，其实客户对自己专业的认可和信任就是设计师最大的成就和满足。

Q：提问

10. 推荐几个您欣赏的设计师和几本优秀的设计类图书吧？为什么是他们而不是其他人呢？

A：解答

《如何成为室内设计师》
《室内设计营销术》
《西方百年室内设计(1850—1950)》

对话设计师

江宁博学苑丹桂园A户型

设计公司：南京六间堂空间设计有限公司

设计师：关菲

摄影师：裴宁

面积：220 平方米

主要材料：仿古砖、古典柱、粉红镜、大理石、马赛克、墙纸

设计说明

当我们拿到房子，总是设想将会有怎样的生活场景：午后，阳光洒落，倚坐在窗边的贵妃丝绒沙发上，微风吹拂着纱帘，一旁的树叶轻舞摇曳；入夜，一本书，一盏灯，低沉的音乐环绕四周，看头顶的水晶灯反射出幽暗的光。

如何让现代方正的户型空间，适应新古典的优雅华贵，是该案面临的挑战。接近天然石材的瓷砖，做了精致的铺贴和分割，白色线条环绕的墙面上镶嵌了粉红拼镜，天然大理石线条围绕着灰色金属马赛克，重要动线上新增的古典立柱，喷涂了颗粒感极强的砂岩漆，胡桃木扶手搭配白色栏杆，顶面的白色石膏线条下挂。这些物件围合、叠加，形成了非常多的类似色，材质不断地调节着空间的质感，配合比例的划分诠释出经典。

基础的空间完成后，气氛的营造就更为重要，特别是要注重精致细节的打造。厚重的窗帘、经典的建筑画、太阳挂镜、多层水晶灯、新古典风格的沙发、餐桌、椅子、地毯、装饰品等，一切都围绕着同一个主题——生活之美，现代空间环境下的新古典式生活。

Q：提问

1. 欧美风格最大的特色在哪里？

A：解答

欧美风格最大的特点是强化了装饰性，以满足基本功能为前提。以意大利、法国为首的一些经济发达国家不仅在家具、建筑、室内装饰等方方面面面做了全方位的品质提升，他们运用自然界中常见的花草树木等元素，完美地嫁接到各类装饰当中去，所以，欧美风格的装饰性显得特别强，在漫长的岁月积累中，有很多鼎盛时期，比如比较重要的洛可可风格及巴洛克风格。

Q：提问

2. 欧美风格在设计上有哪些要注意的？

A：解答

其实在欧美风格的设计中，欧美应该区分来对待，一个是欧式，一个是美式，两者的区别还是蛮大的，欧式偏唯美，美式偏休闲，在风格取向上是两个方向，所以，在设计中，要灵活地找到业主真正的需求点，任何设计都是以人为本，好的设计，重要的是满足客户的需求，而不是设计师的意淫表达。怎样挖掘客户的内在需求点是做设计的必修课。

Q：提问

3. 最能体现此种风格的软装是什么，这种产品应该有些什么样的特质？

A：解答

在软装设计中，任何一个空间都是有层次的，我们根据客户的感知度将其分为三个层次，第一层次是家具，第二层次是灯具、窗帘，第三层次是其他部分。其中，最重要的是家具，因为我们每天都在用，我们会触摸，能感受得到，所以，软装设计中，搭配好家具是至为重要的事情，而且，在风格的界定上，家具也是主要判断的依据。

Q：提问

4. 欧美风格家居，对使用者的生活有何影响？

A：解答

空间对人的影响是很大的，好的空间会对使用者的生活习惯有很大的改变。其实中国人的传统文化，不是很强调个体的独立性，而是更多地强调社会性，所以在欧美风格的家居中，我们可以更好地让使用者去理解西方人的独立人格的培养。特别是对小孩子，非常有帮助，好的空间就可以培养好的习惯，而好的习惯会形成好的性格，好的性格会成就不一样的人生。

康振强（左）

广州汉意堂室内装饰有限公司
总经理兼艺术总监
广东省陈设艺术协会常务理事
广东省家具协会国际设计品牌中心
广州执行会长

袁旺娥（右）

广州汉意堂软装公司董事长兼
设计总监
海南省女画家协会理事

Q：提问

5. 设计过程中，应该如何保持设计理想与现实之间的平衡？

A：解答

设计之所以叫设计而不叫艺术，就是因为它是一个服务的过程。设计理想可以有，但一定要强调业主的需求点，而不是设计师的需求点，设计师不过是用自己的专业知识去帮助业主实现业主的家居理想，所以，如果设计师只想着做一套自己喜欢的设计作品是不对的，而应该是既能让客户满意，又是一套很好的设计作品，这种观点我认为才是对的。

Q：提问

6. 国外的欧美风格和国内常见的欧美风格空间，有什么样的差异？

A：解答

国外的欧美风格是长出来的，国内的欧美风格是拼出来的，原因在于我们没有很好地理解欧美人的生活方式。我们只是借用了欧美风格表现出奢华感，可以说，国内的所谓的欧美风格跟真正的欧美风格基本是不相干的，比如壁炉，欧洲人是真正要用的，但在国内，就是一个纯粹的装饰品。很多设计师自己都没有到过欧美国家，只是凭借一些杂志就意淫了一些欧美的东西出来，其实这是对业主的不负责任。很多国内的业主之所以选择欧美风格，就是被那种所谓的豪华感所折服，但在中国，它是没有根的，没有合适的土壤，最后往往会做出一些没有灵魂的作品。业主是需要设计师去引导的，所以，我们传达欧美风格，更主要的是让业主了解欧美人的生活方式，如果业主正好也喜欢这种生活方式，那么他也会爱上欧美风格的空间。

Q：提问

7. 居住空间要形成欧美风格，要如何规划？

A：解答

欧美人的生活方式和我们的生活方式有很大的不同，所以在空间规划中，我们要熟悉欧美人生活起居的各种习惯，然后按照这种习惯去界定每个空间怎样去利用。当然我们也不能完全照搬，毕竟国情不同，这就需要设计师去做一个平衡。怎样做到在中国的生活基本条件下，更多地去适应欧美人的生活，比如欧美人普遍吃西餐，没有那么大的油烟，所以很多都是开放式厨房。其实在欧美人的生活中，会花很多时间一家人待在厨房，一起做东西，一起吃东西，小孩子还可以在开放式餐厅一边看父母做饭，一边做作业，所以它是一个承载爱的地方。但在中国，如果有条件，最好做两个厨房，一个中式的、一个西式的。

对话设计师

Q：提问

8. 欧美风格的精神是什么，一般人可以自己打造吗？

A：解答

所有的风格都是人们在某个地域长时间形成的一种生活方式的外溢表象，其中有人的因素，有地域的因素，还有一些文化因素，风格是一种抽象的归纳，但在家居设计中，风格不能成为一种枷锁，我们不能在风格的界定下再去做设计。一般人能不能自己打造主要看他自身的美学素养，如果自身就有很好的设计水准或者艺术感悟力，我们更愿意让业主自己来，但是在中国，大多数普通老百姓基本不具备这样的素养，只能让设计师帮一把才可以实现他们的家居梦想，这当然也是设计师的价值体现。

Q：提问

9. 在您的设计职业生涯里，有什么难忘的经历吗，能否分享一下？

A：解答

最近做过的一个案子是我们自己的家，在美国的房子，在这套房子中，我们基本是按照自己喜欢的感觉去做，也实现了去风格化的做法，所以，在我们打造的空间中，有美式、中式、欧式等多种风格的混杂，非常有意思。

Q：提问

10. 推荐几个您欣赏的设计师和几本优秀的设计类图书吧，为什么是他们而不是其他人呢？

A：解答

从广义的范畴界定的话，我比较喜欢安藤忠雄、原研哉、凯莉赫本等一些设计师，因为好的设计师能传达一种思想，而这种设计思想是独特的，可以在艺术、设计与哲学之中游走。

湖北鄂州信基地产别墅户型

设计公司：广州汉意堂室内装饰有限公司
设计师：袁旺娥、康振强

设计说明

该项目位于湖北东部的鄂州，长江中游南岸，项目户型以别墅为主打，复式的硬装设计，完全契合了古老的西班牙建筑风格的特点。而该案的客户趋向于生活改善型和投资型，所以设计师将主调设定为斗牛士乐园的西班牙风格，在软装配饰上的情境主题定位为雅致、有个性、色彩明快的气质别墅。

一提到西班牙的斗牛士精神，就让人联想到勇敢、热情、乐观的性格，此户型的设计也正好符合了客户群的性格定位。该类客户群日常生活以个性、热情、优雅为特点，他们喜欢个性中透着精致的设计，设计中又蕴含着优雅的生活方式。在室内，西班牙风格的影子随处可见，壁画、拱门、古老时钟……软装配饰上采用木质、不锈钢、皮革以及大理石等材质，展现出时尚的尊贵感之余还带着休闲和舒适感；饰品精致典雅的艺术造型，显示了狂野不羁个性；斗牛的题材，融于挂画、摆件之中，西班牙斗牛士的典型色彩及象征富有张力的线条灯具都完美地融入到软装之中；深色的木饰面被设计师巧妙地与皮革和金属搭配，诠释出一种华贵细腻的质感；设计精巧、质感丰富的家私，加上高端面料搭配，体现了业主对细节的高要求，如此精致、简洁、富含文化品位的生活环境不仅能为业主带来舒适的享受，更能产生认同感。

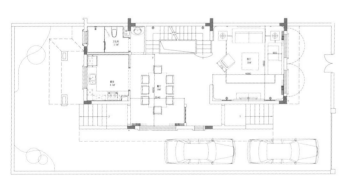

一层平面布置图

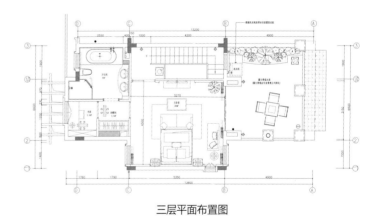

三层平面布置图

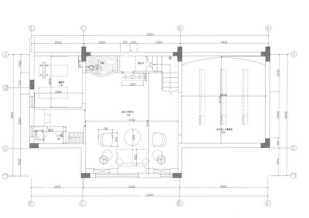

负一层平面布置图

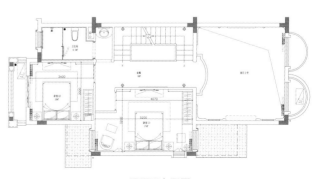

二层平面布置图

Q：提问

1. 欧美风格最大的特色在哪里？

A：解答

欧美风格是个很大的感念，需要详细划分。下文即将展示的案例是做了大量简化的现代欧式，是一种现代低奢的表现。整合了一些欧式元素加以简化，并且融入很多现代风格的手法，保持整体风格材料一致协调。

Q：提问

2. 欧美风格在设计上有哪些要注意的？

A：解答

在初期平面规划时就需要找出空间的中轴线、对称性，此种风格比较注重天地墙的呼应对称。

Q：提问

3. 最能体现此种风格的软装是什么，这种产品应该有些什么样的特质？

A：解答

其实此种风格软装包容性很大，只要不是过于极端的传统欧式或极现代，都可以在空间混搭得很自然，并且有时尚感。

Q：提问

4. 国外的欧美风格和国内常见的欧美风格空间，有什么样的差异？

A：解答

国外现代的欧美风格更崇尚与时代的融合，硬装的部分尽量减少，以软装为主。国内通常会在室内做大量华丽固定的装修，有时反而无法自然地融入软装艺术品。

孙建亚

上海亚邑室内设计有限公司创办人
PINKI EDU 品伊国际创意美学院梦想导师

社会荣誉：
2015年TID台湾室内居住空间类/复层设计大奖；
2015年 "Best 100" 中国年度最佳设计奖；
2015年IDC "金外滩奖" 年度最佳设计奖。

Q：提问

5. 居住空间要形成欧美风格，要如何规划？

A：解答

着重区域与区域之间的动线框套处理手法，正面、背面、左右两侧的对称，墙面线板分割需为单数，墙面中心分隔框大、左右小才能挂画，顶部造型与地面轮廓的呼应等。

Q：提问

6. 欧美风格家居，对使用者的生活有何影响？

A：解答

我本身较提倡简约干净的风格，所以在设计欧美风时都会把很多现代元素融入进来，毕竟我们生活在现代，家中有大量现代化的生活用品，必须很好地融入空间，让建筑、室内、软装、家电实现协调共存。

Q：提问

7. 设计过程中，应该如何保持设计理想与现实之间的平衡？

A：解答

平面规划非常重要，并且熟练掌握各种材料工法，遇到无法克服的问题时要全面考虑决定取舍。

Q：提问

8. 欧美风格的精神是什么，一般人可以自己打造吗？

A：解答

传统欧美风格是一种具有地域性和时代背景的风格模式化设计，甚至有经验的工匠都能把握得很好，但掺入时尚当代元素时就需设计师的协调整合能力，一般人有兴趣更多可以从软装着手，不必牵涉一些工法材料特性等专业问题。

Q：提问

9. 推荐几个您欣赏的设计师和几本优秀的设计类图书吧，为什么是他们而不是其他人呢？

A：解答

原研哉的《白》这本书中提到所有生活中的事物、心灵、美学，都可以用"空"的态度来处理、看待，对我们的设计和生活都会有更好的影响。

对话设计师

宛平南路88号

设计公司：上海亚邑室内设计有限公司
设计师：孙建亚
地点：上海

设计说明

对于看尽大千世界的高端主力购房者来说，奢华装饰并不是当下回归生活的合适选择，但保留高端物质生活的同时既拥有内在的生活品位，又能彰显各自不同精神与风格的装饰都是再适合不过了。

为满足购房者真正的需求，本项目的设计手法与以往略有不同。设计师通过简化的立面装饰，高光深色雀眼木皮，搭配具有奢华感的古铜金属线条，摒弃了传统具有奢华表征的复杂造型，让空间中的色温、材料等统一协调，实现元素与家具之间的高度和谐。

平面布置图

Q：提问

1. 欧美风格最大的特色在哪里？

A：解答

欧美风格的最大特色在于随性、简单，它不同于以简约、优雅著称的英伦风，而是更偏向于街头类型的纽约范。它随性的同时，更讲究色彩的搭配，与后期的波希米亚风融汇，应该说欧美风更有广泛性，带有少部分日韩气息，很国际化。欧美风格比较中性又比较富有贵气。

Q：提问

2. 欧美风格在设计上有哪些要注意的？

A：解答

A. 室内设计布置　B. 线条比例　C. 色调美感　D. 家具搭配（软装）

Q：提问

3. 最能体现此种风格的软装是什么，这种产品应该有些什么样的特质？

A：解答

家居及墙上的饰物。这些物品需要注意三点：前景色（空间中最容易被观察到的颜色）、装饰色（点缀色）以及不同色彩之间的搭配。

Q：提问

4. 国外的欧美风格和国内常见的欧美风格空间，有什么样的差异？

A：解答

国外的欧美风格更注重文化的积淀而不是像国内这样的单纯模仿，就跟国外无法装修出很传统的中式风格一样，国外的居住空间大多较为宽敞，敞亮本身就能带来美感，再加上国外的家居设计水准比国内的高出一大截，所以设计更得心应手。国外的欧式线条较为繁琐，国内则比较简约。

唐垄烽

福建国广一叶建筑装饰设计工程有限公司设计师、家装八所所长、铂金翰设计师
中国建筑装饰协会高级室内建筑师

社会荣誉：
2009年—2010年福州十大室内设计师；
2011年被评为"福建省最具影响优秀青年设计师"。

Q：提问

5. 居住空间要形成欧美风格，要如何规划？

A：解答

首先，在规划过程中设计师要对未来业主的生活状态进行分析和研究，一个感动人的空间是经过理性地分析生活进而促发的。其次，欧美风格的空间要在大环境下才得以体现，建筑内部的空间并不是分裂的，而是相互连通且充满变化和趣味的。最后要考虑流线和视角，通过使用者的动线和使用习惯来进行功能布局的规划。另外，欧美风格的空间更注重功能流线的分析和色彩软装的搭配。

Q：提问

6. 欧美风格家居，对使用者的生活有何影响？

A:解答

欧美风格的家居以优雅大气、高贵精致而深深地吸引了许多人。欧美家居蕴含的文化可以彰显业主的身份、品位与格调。一种好的空间风格可以给人带来不一样的心情，欧美家居是文化的积淀，在文化韵味浓郁的空间中，会给人带来生活上的优雅与隽永、从容和灵性。协调使用者与环境相适应，使其在快节奏的都市中可以沉淀在文化环境中，得以片刻的休息和享受。

Q：提问

7. 设计过程中，应该如何保持设计理想与现实之间的平衡？

A：解答

就我个人而言，会取一种中庸的方式。在理想化的设计中，稍作修改以期实现与现实情况及业主自身的实际结合，使现实理想化。这就需要设计师与业主之间相互沟通。

Q：提问

8. 欧美风格的精神是什么，一般人可以自己打造吗？

A：解答

传统与反叛是欧美风格的真正精神所在，它最前卫也最保守。欧美风格主要是以简便、高贵为主，其柔和的色彩，在众多色彩中淡定自然，简洁且舒适的环境带来大方高贵的心理感受。一般人难以打造，拿捏不好就会因太过繁琐而偏离欧美风格的轨道，难以呈现出欧美风格的高贵大气。

Q：提问

9. 在您的设计职业生涯里，有什么难忘的经历吗，能否分享一下？

A：解答

设计需要创新，更需要实现。在某种意义上，设计引导了生活方式的变革和进步，今日的设计早已不能满足简单的时尚追求，它需要开拓者的创新，就我的设计生涯而言，任何一套住宅设计的过程都是我难忘的经历，因为它们都是我从业以来对艺术创新的不同阶段的领悟和体现。

Q：提问

10. 推荐几个您欣赏的设计师和几本优秀的设计类图书吧，为什么是他们而不是其他人呢？

A：解答

我欣赏的设计师有戴昆、琚宾、邱德光等。
《新装饰主义》《宴遇》《禅意东方》《室内设计奥斯卡奖获奖作品集》等具有国际文化意义的书都是不错的。

对话设计师

长乐香江国际王公馆

设计公司：福建国广一叶建筑装饰设计工程有限公司

设计师：叶斌

铂金翰设计师：唐垄烽

地点：福建长乐

面积：600 平方米

主要材料：意大利拿铁大理石、美克美家家具、基汀尼灯、名家窗帘、混油白色墙板、防古镜、欣旺壁纸、美国本杰明乳胶漆

设计说明

本栋美丽的别墅静静地在阳光的照耀下璀璨而夺目，别墅的花园中绿草茂盛，鲜艳的花朵随微风轻轻飘摇，一切都是那么美丽，仿佛是在童话中，让人不忍触碰。

设计师选用优雅、高贵、含蓄、华丽、自然和谐为主的新古典艺术风格。精致的天花吊顶、大面积石材的运用提升了整个空间的质感，精琢玉石梁柱、大气的挑高壁炉等，配以高贵典雅的欧式造型家具，精致富有气魄。浓烈的蓝调及皮质感更加传达出欧式风格的味道。而各区域里欧式手工沙发线条优美、颜色秀丽，注重面布的配色及对称之美，彰显居者的高贵身份，具有贵族般的高贵华丽之感。典雅时尚的气息，让人有种流连忘返的感觉。

四层平面布置图

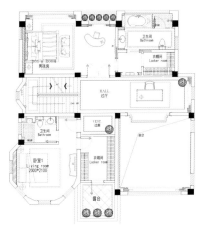

三层平面布置图

二层平面布置图

一层平面布置图

141

Q：提问
1. 欧美风格最大的特色在哪里？

A：解答
没有太多造作的修饰与约束，体现一种休闲式的浪漫，贵气加大气而又不失自在与随意，有文化感、贵气感，还不能缺乏自在感与情调感。

Q：提问
2. 欧美风格在设计上有哪些要注意的？

A：解答
不要艳丽、花哨的色彩和设计风格，倾向于简洁、平淡而严谨的风格。

Q：提问
3. 最能体现此种风格的软装是什么，这种产品应该有些什么样的特质？

A：解答
烟火气是此风格软装的重要特点，生活化的场景、随手可取的生活用品是这种风格最常用的作法。

Q：提问
4. 国外的欧美风格和国内常见的欧美风格空间，有什么样的差异？

A：解答
国人对欧美风格，更多如雾里看花，看到蕊就画蕊，看到瓣就画瓣，所以国内设计的欧美风格太沉迷于墙面造型的堆砌。

卓新谛

新谛室内空间营造社创办人

擅长风格：中式

设计方向：家居、商铺、餐饮

Q：提问

5. 居住空间要形成欧美风格，要如何规划？

A：解答

欧美风格装修，从时间上来说主要有：欧式田园和欧式古典风格；而从地域上来划分主要有：美式风格、英式风格、意大利风格、法式风格、西班牙风格和地中海风格等。在规划前要准确定位，不能一概而论，比如美式风格注重宁静，英式风格注重碎花系列、乡村气息等。准确的定位很重要，不然容易造成混搭。

Q：提问

6. 欧美风格家居，对使用者的生活有何影响？

A：解答

欧美的家居，更以人为本，注重舒适性和强调家庭成员之间的交流。

Q：提问

7. 设计过程中，应该如何保持设计理想与现实之间的平衡？

A：解答

要清醒地认识到室内设计是项综合的艺术，是艺术，但也是服务业。

在设计前定位要紧扣业主的需求，如业主要开个餐馆，设计师不能任性地做个博物馆给业主使用。

Q：提问

8. 在您的设计职业生涯里，有什么难忘的经历吗，能否分享一下？

A：解答

像很多工作一段时间的设计师一样，我也曾渴望自由、无任何羁绊的日子，所以独自找了个地方，找了几个助理，埋头接单做设计，发现志同道合的人群和不断学习是非常重要的。

Q：提问

9. 推荐几个您欣赏的设计师和几本优秀的设计类图书吧，为什么是他们而不是其他人呢？

A：解答

我欣赏的几位大师：贝聿铭、季裕棠、隈研吾。

喜欢的书：王世襄的《明式家具的研究》，安藤忠雄的《安藤忠雄论建筑》。

对话设计师

十二橡树下

设计公司：新谛室内空间营造社
设计师：卓新谛、卓友彬
面 积：420 平方米，花园 200 平方米
主要材料：炭烤杉木、复古砖、文化石、硅藻泥、墙纸、金钢板

设计说明

空间改造，是本案的重点。原始结构中，楼梯偏窝一角，三层实际上是三大平层，上下空间没有对话。重整布局的思路是打破原有格局，还原别墅的特色。

在屋中央，开洞新铸了一把旋转楼梯，连通三层。而各个功能区，全围着楼梯分布，盘活了空间。同时把餐厨区与静区自然分隔出来，解决因餐厨无法移动，和睡房同层的问题。

想象它是个百年老树环绕下的大屋，散发着年轮的味道。设计师用了大量的炭烤杉木、文化石、硅藻泥等古朴的材质，来打造这种柔和、有质感的家居氛围。

一层平面布置图

负一层平面布置图

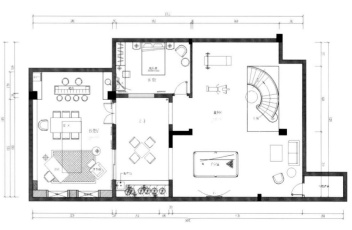

负二层平面布置图

绿地海珀·风华别墅

设计师：连自成
参与设计：袁晓凡、江燕
面积：420 平方米
主要材料：烤漆、第凡内石材、灰镜、胡桃木、茶镜

设计说明

那不远的时光

设计的目标在于创造完美，也就是将效益最大化。 但更有力的说法是：设计留存下来因为它是艺术，因为它超越实用。而本项目正是如此，立足于实用，却又不仅限于实用，这里有设计师对建筑尺度的把握、色彩架构的控制、光影效果的塑造以及细节质感的诠释，甚至是未来趋势的探索。

人为的设计生活方式太宽泛，令空间具有一种直逼人心的力量或许更能诠释设计的真谛。本案设计根植于法式的建筑外观，将后现代的风韵引入室内，让对比与冲突完美邂逅，极力打造了一种云游天涯的执着，一派岁月静好的自在。

这是一个三层的联排别墅，建筑风格以法式为主，效果户型为一字形结构，四周环绕着绿化庭院，远处有湖景。为了实现从建筑到室内一气呵成的效果，在室内设计中，设计师将现代与古典融合后现代风定为设计的核心，并以此来贴合都市的生活节奏。

"后现代是对现代的批判，装饰即是罪恶的反驳。用新的手法来解构古典，设计上延续了RobertA.M.Stern（美国建筑师）的精神，然后从我们现代的生活出发，是对生活及现代美学的提升和发现。" 设计师说。

二层平面布置图

一层平面布置图

负一层平面布置图

客厅的设计即体现了后现代的精髓，也恰到好处地承接了建筑的风韵，通体的落地窗增加了空间的即视感；入口玄关、电梯以及楼梯的动线搭配，也在一定程度上为空间注入了些许灵动的性格。在这里，艺术、生活、精致都是设计师坚持的核心。

从无到有，当然是创造；但将已知的事物陌生化，更是一种创造。在海珀·风华别墅样板房的设计过程中，设计师对建筑的楼梯进行了彻底的改造。将原来通体的四方回转结构改造成椭圆造型，成就了空间的雕塑感。不仅如此，光影也在这里扮演了极其重要的角色，楼梯内外侧错落有致地镶嵌LED灯，可伴随着人的步伐亮起、熄灭，在设计师看来，设计不仅是为了美，更是为了用。

如果说蜿蜒的楼梯是整个别墅设计的灵魂，那么贯穿于其中的水晶灯无疑是这灵魂中最具气质的存在。正如日本的插花术，我们欣赏的不仅仅是花，还有花与花之间的空隙。六万多颗水晶凌驾于空中，那璀璨的线条、马蹄莲般的优雅以及渐变色彩的唯美，都将清灵贵气诠释得淋漓尽致。

宁静是解除痛苦和恐惧真正伟大的良药，无论奢华还是简陋，设计师的职责是使宁静成为家中的常客。在色彩的选择上，白色的背景和铺垫成就了空间的包容性，入住者皆可在这样的纯粹空间中发挥各自的个性，同时在细节上体现古典的特性，圆窗、弧形门拱、线角的层次关系均表现出对古典美学的礼赞。

不同区域里的色彩关系，对居住者情绪的影响不同，设计师从色彩心理的分析出发试着在别墅中注入时间的概念，装饰的造型表达现代精神，用现在的设计角度置入20世纪60年代的思潮和精华，从而传递出岁月的痕迹和人文的精神。在黄色、红色和蓝色三原色互相作用的过程中，共同诠释出不同的空间效果。

设计师连自成曾去意大利旅游，Siena（锡耶纳）这座城给他留下了极为深刻的印象。"Siena"在意大利绘画语言中意为赭黄色，代表温暖和浪漫，也是丰收的象征。他将这种情怀带进了餐厅的设计中，开阔的视野、敞亮的窗户、随处可见的花园景致、甚至傍晚时分投射进来的阳光，都将这种温暖的情绪放大到极致。而这种贴近居住者需求的设计，也正是设计师一直在追求的。

与客餐厅的包容性不同，地下室的设计相对重视隐私，因为这是主人的私人空间，如何在这里营造一种自由自在的感受，成了设计师的考虑重点。地下室是五米的挑空设计，也是主人休闲娱乐的空间，社交和艺术是这里的主题，结合主题20世纪70年代Retro（里特罗）风格考虑，蒙特里安的画作给了一定的启发，与台球的颜色相吻合，于是设计师将台球作为元素，创作了立体的蒙特里安画作，而周围的沙发等物品也都呼应了Retro风格。

宝华·紫薇花园B户型样板房

设计师：连自成
参与设计：金李江、孙杰
面积：124 平方米
主要材料：铜艺栏杆、实木复合地板、墙纸、石英石、陶瓷、大理石

设计说明

一进入空间，白色调的雅致就令人联想到法式的浪漫和纯真。宛若清晨的巴黎，没有沸腾没有喧嚣，更没有夜巴黎的浮华和闪耀，这就是简单的生活方式，是法式浪漫在上海的安静呈现。

欧洲无处不弥漫着文化与浪漫的气息，法式的艺术渗透到了人们生活的每一个角落，每个人都是艺术家。法国人对精致的追求表现在没有太多语汇和装饰的空间中。出于对空间布局的整体考量，细节上的硬件铺设掩藏在简约的设计之中。

在干净明快的硬装下，对软装饰品的选用，更多了几分居住者的思考，精心挑选出的摆设像是从世界各地淘来的单品，汇聚成一个处处可见精品的家。Cassina 的系列家具，具有悠久的历史和浓厚的品牌文化内涵，简约时尚的现代感线条，迎合着整体空间的调性和定位，在时间的锤炼下，留下美好的品质。月光色泽的银饰，每一处的细节都流露着浪漫。艺术结合时尚，极具创意和现代感的Tom dixon黑色烛台，印有老上海画报的斑驳水壶，已经转变为艺术品，旧与新交汇，传达的是居住者对艺术的态度与思考，用经典去保留空间的美感。

平面布置图

法式的优雅摩登，精简的现代设计的图案色彩，利落、自信满满地走在时髦浪尖。抽象的艺术画作，暖黄色系的装饰，好像梵高的《向日葵》，布满巴黎街头的艺术一般，可爱的家居摆设也为空间增添了几分温婉，在时髦单品的催化下，才回归真正的和谐。

空间是可以被细细品酌的，是对细节的品味，对居住者个体生活的品鉴与思考，更是对未来生活的憧憬。

北辰·湘府世纪39栋113别墅

设计公司：本则创意（柏舍励创专属机构）
面积：480 平方米
主要材料：木饰面、仿石砖、皮革、大理石

设计说明

时光静好，岁月无争。看惯了浮华闹市，总渴望一丝宁静。设计师一直都肩负着这样的使命，打造各种不同的空间，感知人间冷暖，体会生命曼妙之所在。

在这里，设计师就是大自然的搬运工，而这种搬运，是自然精髓的仿造与迁徙。

尊重生命的原始状态，改变其形，不变其性。设计师将自然元素悄然无声地引入室内，在一个特定的空间里去塑造一个情景，讲述一个故事。客厅天花为原木材料凹槽造型，墙面造型为原始石材造型的拼接，设计师力求在现代风格的基础上保留材质最原始的形态，让人身在室内，也能有亲临大自然的心境。

设计师巧妙地划分各个功能空间，让每个空间都有独特的元素呈现。餐厅处高低错落的背景墙上倾洒着层层阳光，落下斑驳的光影，原木的舒适感让人的心情不由随之愉悦。

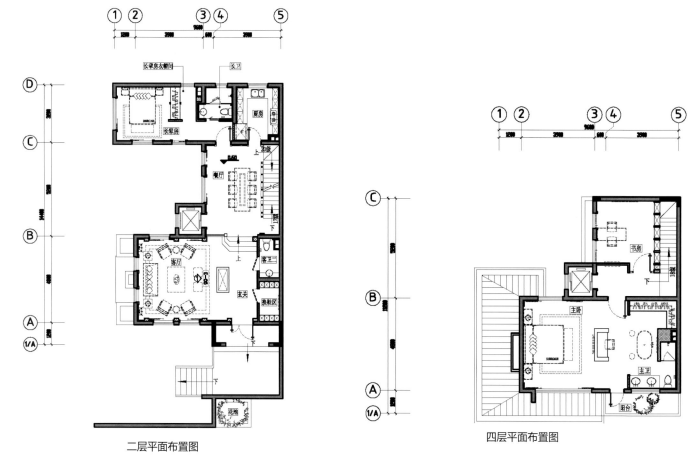

二层平面布置图

四层平面布置图

厨房的设计也极为人性化，有较大的活动空间和明亮的光线，餐前时光也是一种享受。

卧室的风格不尽相同，色调较为温馨，皮革和豹纹的搭配透露淡淡的欧美风情，静谧中又带有一丝野性，也许这也是设计师将现代设计理念与欧美风格融合之处。

书房较整体而言淡雅许多，麦色的墙纸，实木书架，一切装饰都是原汁原味的，品读一本好书，倾听一段旋律，这便是生活的格调。在这个物质充裕的年代，人们追求的不仅仅是一个可以栖身的功能性场所，更重要的是，精神与情感的寄托，以及生活态度的表达。

深圳彭城大东城别墅

设计公司：深圳市矩阵室内装饰设计有限公司
设计师：王冠、刘瑶
面积：480 平方米
主要材料：白色木器漆、金箔、龙鳞洞石、白洞石、水洗白橡木地板、地毯、墙纸

设计说明

本案采用以宽敞、舒适、杂糅而著称的法式混搭风格，将工业文化与欧洲装饰融于一体。

一层南北通透采光极佳，配合户外庭院相得益彰，近7米高的客厅空间和宽敞方正的餐厅空间以及开放式厨房无不体现出法式风格的宽大舒适特点。二层女孩房以蓝色为基调，煽情摆件勾画出少女情怀。三层为主人的私有空间，卧室基本保留了原有层高，空间方正大气。家具、饰品延续混搭风格。主人房主卫功能齐备，天窗采光设计为主人的生活添加情趣的同时也延展了空间。独立的衣帽间配有临窗梳妆台，方便实用。地下一层为家庭娱乐区，配备影音室、家庭娱乐室，在两个空间中间设置了豪华气派的旋转楼梯，也加深了对豪宅的定义。地下二层为主人收藏空间和佣人功能操作空间，安静惬意的环境更好地营造出收藏室的神秘感。佣人房间和操作区靠近车库入口使主仆分区方便使用。

众所周知，欧洲人在对待家具方面是本着"越久越好"的心态，这根源于其历史文化，法式混搭风格继承和发展了欧式家具的这一传统，并且在强调巴洛克和洛可可的浮华与新奇的同时又加入了工业化时尚家具，产生极强的视觉冲击。工业化时尚家具强调简洁、明晰的线条和复古做旧的装饰。家具色彩大多会加上金属配件或其他粗犷的装饰，突出其风格个性。总之各个空间恰当地将家具摆放其中，营造宽大、舒适、杂糅的法式混搭风格。

常州路劲Y1户型样板房

设计公司：深圳市矩阵室内装饰设计有限公司
设计师：王冠、刘建辉、于鹏杰
面积：355平方米
主要材料：灰木纹大理石、灰橡木、印花皮、木地板、壁纸、地胶纸

设计说明

整个设计在延续古典欧式传统的基础上，摒弃繁复，崇尚简约，但又不失高贵与时尚。设计师对整个空间布局进行了分割处理，使空间自然流畅、井然有序，并透露出高贵与奢华，在规划布局上营造出浓郁的欧洲风格。在对细节的处理上，设计师充分尊重自然，拥抱健康，于低调中浸漫出欧洲的浪漫主义风情。在设计上不但考虑到了建筑内外的结合，更注重项目本身的高贵品质。空间整体以暖灰色为主色调搭配色彩跳跃的软装元素来打破传统格调，赋予整个空间时尚感，营造出迷人、充满艺术气质的氛围。

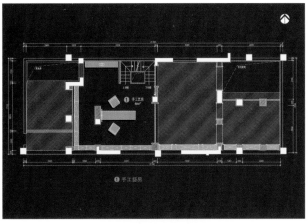

负一层夹层平面布置图

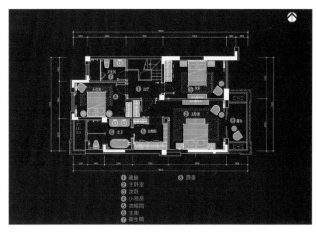

二层平面布置图

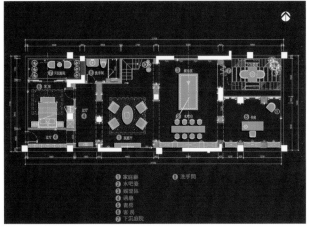

负一层平面布置图

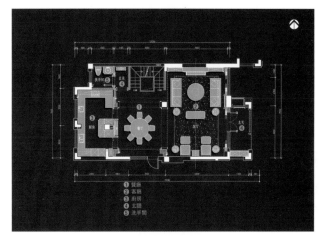

一层平面布置图

仙华檀宫别墅N4户型样板房

公司名称：上海璞尚室内设计咨询有限公司
设计师：蔡军
摄影师：章勇
面积：640 平方米
主要材料：意大利黑金花、白玉兰石材、黑檀木、杈木、进口手工壁纸、真丝软包

设计说明

与上海外滩以其华美的艺术装饰（Art Deco）风格建筑而闻名于世一样，纽约帝国大厦也以其经典的Art Deco造型成为经典标志性建筑。 Art Deco建筑艺术不断吸纳东西方文化精粹，延续了新古典主义中宏伟与庄严的特点，又更趋于几何感和装饰感，将古典装饰转变成了摩登艺术，显现出华贵的气息。

随着一代又一代中国富裕阶层的诞生，这些新贵们渴望表达自己的生活态度，确立自己的生活方式，当他们既不想回归传统，也不愿陷入现代风格的单调机械时，Art Deco也就成为一种极佳的表达。

本案将Art Deco风格的摩登、奢华、舒适、雅致的设计要素渗入到每一个细节，同时让更多的传统文化元素融入到设计构架中，让装饰主义与传统文化两者间的华贵气息相互碰撞，表现出装饰艺术的极致之美。以含蓄深沉的古典情怀来诠释财富和尊贵，打造奢雅非凡的居住空间。

空间规划上充分考虑欧式住宅所重视的仪式感、秩序感，多采用中轴对称手法体现空间的均衡和庄重。同时利用建筑原有条件，将空间布局中每一个起承转合的交通点设计成充满仪式感和对称性的饱满空间，让每一次停留与转换都成为享受。而居住功能要求的私密性和开放性也做了有机融合，相互包容，让每一个空间都相互渗透，让人感受到舒适、流畅。

推门而入，高挑对称、气势非凡的椭圆大厅和相连的电梯厅奠定本案的基调，体现装饰主义的经典色彩要素的黑白金的配色贯彻公共空间，代表着高贵和神秘。顶级意大利黑金花、白玉兰、帝皇金石材成为几个颜色的载体。而Art Deco图案和装饰元素通过石材的浮雕、镶嵌、水刀拼花等卓绝工艺精细地勾勒空间的每个层面。让人感受到空间的张力和层次的同时表现了细节的精致处理，整体给人以霸气非凡的感受。

步入客厅空间，设计力求打破传统，以黑色拼花石材地面和深色黑檀木打下低调奢华的基调，传统花朵图案手工嵌入真丝织物的沙发背景、定制宝蓝色的燕子图腾地毯给空间注入传统和提气的亮色。而装饰主义浮雕的玻璃壁灯、法国提花面料狮头单人沙发、黑漆手绘描金茶几、真丝割绒沙发、浮花瓷器等软配细节让Art Deco和传统文化进一步碰撞出华贵高雅、雍容摩登气质。餐厅和起居室以嵌贝及描金收边黑檀木、米灰真丝刺绣软包、手工壁纸塑造墙面质感，用墨绿色、浅湖绿色、暗草绿色面料的家具来凸显空间的优雅品位。

负一层空间旨在体现娱乐空间给人带来的惊喜、兴奋的体验。酒吧运用珍稀权木饰面、黑檀拼花地板与精致的不锈钢酒柜形成对比，置入华丽的暗红色沙发引燃娱乐空间的激情，将人带入老上海外滩风韵十足的华美摩登年代。

二层空间里设计师用粉、蓝、湖绿配合珍珠白为女孩房营造浪漫天真的空间氛围，深土红嵌铜扣的手工壁纸、同色系的硬包，配合定制图案地毯，以及黑、金、银色的软装让男孩房酷奢非凡。主卧与本案其他空间一样采用定制的暗紫浮花满铺地毯，提升整体的定制感。马毛软包、手工墙纸、复古家私以及主卫空间的浮雕玉石墙面、顶级工艺的墙地面石材水刀拼花都让Art Deco式的极致摩登与奢华全面绽放。

二层平面布置图

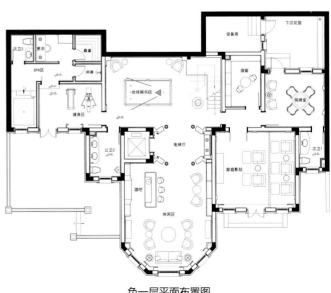

一层平面布置图

负一层平面布置图

希望玫瑰公馆B1户型样板房

设计公司：深圳臻品设计顾问有限公司
软装设计：深圳华墨国际设计有限公司
面积：80平方米
主要材料：意大利洞石、仿古砖、木饰面、木地板、墙纸、银镜、钢化玻璃

设计说明

美式家居风格是欧洲文明与丛林文化相结合的一种兼容并蓄的风格。

16世纪的美国相继受到西欧各国的入侵，所以很多美式风格的家居中都深深地烙下了西方文化的历史印记。美国人传承了欧洲文化的精华，又融入了自身文化的特点，最后衍生出独特的美式家居风格。

当文艺复兴引发欧洲奢华，新古典家居再掀仿古文化风潮时，美式家居在扬弃巴洛克和洛可可风格的新奇和浮华的基础上，建立起一种对古典文化的重新认识。它既包含了欧式古典家居的风韵，但又少了皇室般的奢华，转而更注重实用性，将功能性与装饰性集于一身。

最早的美国原著居民是印第安人，他们过着刀耕火种的亚马逊丛林式的原始生活，美式家居风格经常会以一些表达美国文化概念的图腾，比如丛林、大象、大马哈鱼、狮子、老鹰、莨苕叶等，以及一些反映印第安文化的图腾来表现其独有的个性。

尽管美国如今是高楼林立的金融中心，但美国人始终拥有一颗回归自然的心，因此美国充满浪漫主义与乡村情调的家居在美式家居风格中一直占有重要地位。

平面布置图

观筑庭园

设计公司：北京王凤波装饰设计机构
设计师：孟冬
摄影师：恽伟
地点：北京
面积：350 平方米

设计说明

这套350平方米的别墅，属于一位事业有成的企业家。在追求舒适的居住环境的同时，他那颗未泯的童心也时时闪现，希望设计师在设计这套别墅时，能实现他儿时的梦想。

在这套别墅中，有一个男主人专用的区域，这个用三个房间组成的"特区"中，包含一个汽车模型室、一个书房和一个男主人自用的小客厅。男主人可以在这里接待自己的三五好友，也可以把玩多年来搜集的汽车模型，还可以安静地阅读和思考。

为了满足主人品茶的需要，设计师利用别墅的大挑空做了一层阁楼，在阁楼中设置了一个原汁原味的日式茶室：传统的榻榻米和纸扇拉门，以及木质窗棂的装饰，无不传达着淡淡的禅意。

别墅的整体设计风格，除了茶室之外，设计师均采用了典雅的欧式风格。除了追求舒适的居家环境之外，整体的装饰效果也非常好。

富且闲，是人生很难达到的一种境界。通过该别墅的室内装修，设计师努力为业主营造出了这样的一种氛围，也获得了业主的好评。

岁月鎏金

设计公司：昶卓设计
设计师：黄莉
施工：怡明施工
软装设计：昶卓软装
摄影：金啸文空间摄影

设计说明

这套作品很早就拍好了，直到现在才发出来，是因为设计师一直希望起一个合乎它气质的名字，设计师在细看这些照片时，回忆起在装修中与女主人相处的那些点滴，觉得只有"岁月鎏金"这样一个看似简单的名字能与之相契合。

女主人漂亮能干，工作之外将所有的时间全部用到了装修中，从挑剔的选材再到现场复杂的工艺，甚至动手参与制作，都力求让每一个环节能接近完美，也是为这个家融入了无限温暖的情感。你很难想象一个高挑的时尚美女自己动手的那种场景。其实，对于喜欢装修的人来说，那些动手参与的过程，不关乎预算，关乎的是柔软的内心，当装修结束后，对于每一处细节，每一个角落她都能与好友侃侃而谈，这种感觉令人感到妙不可言。有这样爱好生活的女主人在，我想这个家的美好现在才刚刚开始……

午后的阳光穿透屋子的玻璃窗，一切都显得那么静谧与安详，有纤尘在光影中曼舞，时光流转，岁月鎏金……

苏州水岸西式秀墅

设计公司：玄武设计

设计师：黄书恒、苏幼君

软装布置：杨惠涵、张禾蒂、沈颖

摄影师：王基守

面积：344 平方米（含庭园）

主要材料：蒙马特灰大理石、原色油面崖豆木地板、梧桐喷砂实木拼板、白色钢琴烤漆、明镜、灰镜、蓝色油性平光漆

设计说明

当时间静止，风景凝结于旅人的视野，唯一抹海蓝自中心漫开，铺就整座城市的底蕴。

假如世界移形换影，将水都威尼斯迁移至中国，会是如何风景？分据世界东西的两座城市，同样对"水"有着奇异的想象。玄武设计化用威尼斯的碧蓝天色与湛蓝海洋意象，搭以柔和婉约的维多利亚风，使居住者于深浅变换、线条起伏之间，体尝专属本案的深邃风情。

踏入玄关，大幅沉稳壁纸沉淀着访客心绪，仿佛进入高潮之前的低沉乐音，诱人缓步轻移，步入大厅，可见西厨吧台区域的纯白色与铁灰镜面，共同体现出强烈的戏剧般的张力。为扩展景深，消解低梁带来的压迫感，设计师特别利用三座连拱的流畅弧线，借由动态的视觉起伏，纾解空间压力；餐厅利用餐椅与灯具，玩起了素白、浅灰与碧蓝的色彩游戏，侧边一只复古壁炉，呈现精致的英伦风韵，与客厅电视墙合二为一的精巧设计，亦可见营造焦点、避免对象散乱的匠心。

二层平面布置图

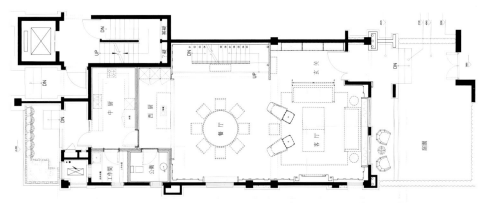

一层平面布置图

四层平面布置图

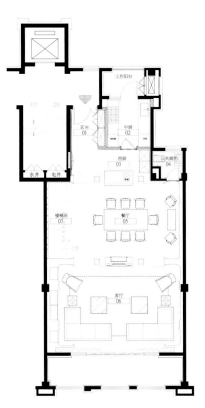

三层平面布置图

延续设计主轴，设计师选用深色木皮为楼梯处主色，然于接缝处，嵌入一盏盏小型LED灯，影影绰绰的光线，伴着步履忽隐忽现，仿若大隐于苍穹的点点星光，为壁面增添了几分趣味，也削减了色彩过于沉重的疑虑。上至二楼，大面锻铁金漆扶手蕴藏浓厚西式韵味，与实木地板、水晶灯等，共同体现着空间的大气磅礴。行至主卧，设计师在一片隽蓝之中，运用中国青花瓷、湖水绿等色泽，创造多层次视觉变化。次卧铺就小碎花壁纸，床背板以铆钉排出流利图腾，一如卫浴间的黑白几何分割，均在古典工艺与现代美学之间，凝练收放自如的平衡美感。

GI10住宅案

设计公司：玄武设计

设计师：黄书恒、欧阳毅、陈佑如、张铧文

软装布置：胡春惠、张禾蒂、沈颖

撰文：程歆淳

摄影师：赵志程

面积：150 平方米

主要材料：银狐、黑白根、镜面不锈钢、黑蕾丝木皮、银箔

设计说明

"GI10"一案为坐落于城市新区的宅邸，不仅有半山坡的绿意相伴，而且从客厅落地窗放眼望去，广场的辽阔视野，也成为居所的重要亮点。作为退休生活的起始，必然需要一番缜密而细腻的规划。玄武设计考虑屋主姐弟与母亲同住的实用需求，以及居住者对于美学风格的爱好，力求艺术生活化，生活艺术化，最终选择以现代巴洛克为基底，以其独有的收敛与狂放，配合玄武擅长的中西混搭——冲突美学，进行空间铺陈。

尚未进入玄关，已见一座当代艺术作品灵动而立，既巧妙掩饰了半弧形缺角，又以生动的童稚神情，为居所引入活跃的生机。右侧切入高耸柱式与圆形顶盖，使视觉猛然挑高，让人心情豁然开朗。经典的黑白纯色打底，中置网烤定制家具，配合景泰蓝珐琅与定做琉璃，东西文化的灵活互动，为访客带来第二重震撼。

屋主因业务所需，时有交谊与公务的需求，特别需要一个大气而又不乏趣味性的客厅空间，以待客会友，活络人际关系。是故，玄武设计着重天然风光与人为艺术的调和，保留大型落地窗与沙发的间距，沙发特别选用进口原版设计，呈现简洁利落的现代风情。与此反之，中央大胆置入以艳紫、宝蓝与金黄三色交织而成的地毯，强化了简约与繁复的冲突美感，亦流露出法式皇家的大度。

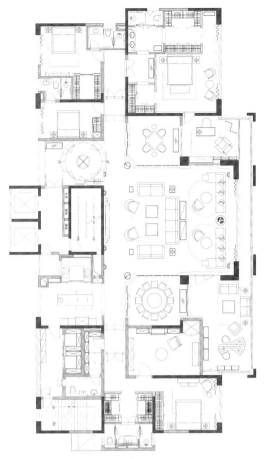

平面布置图

抬眼向上，一朵华丽的银色花灿烂夺目，使人倍感震撼。这座取材自苗族银饰的大型艺术品，为玄武设计与当代艺术家席时斌共同创作。外围化用鸢尾花意象，曲折花饰包覆核心，间隙镶嵌彩色琉璃，使打底的银灰色更显时尚。每当开关按下，艺术品外围即有五彩灯光流转，可因应不同情境而切换。上缀羽饰的大型银环绕着核心缓缓移动，隐喻着天文学——恒星与行星的概念，呈现着自然与人文的灵动。

穿越廊道，可进入屋主的阅读空间。两处各以深、浅色为底，再各自于细微处以相反的色彩进行诠释。诸如，主卧书房一方面延续着公共空间的半圆形语汇，引导访客进入皮质沙发、深色书柜、石材拼花共同构成的豪气场域，另一方面又跳跃性地采用清淡色泽织毯，大幅提升空间的律动感；主卧的书房，采用半户外的开阔设计，虽以白色底板铺底，却照样使用黑色书柜与铁灰沙发，抢眼的小号造型灯具，具体而微地体现了屋主喜好，展现内外呼应的生活态度。

因应屋主对于公私界限的看重，玄武设计亦将此概念纳入考虑，公共区域的门扉使用白色，予人亲近、纯净之感；进入私区则以黑色区隔，带有隔绝、"正式"的意义。进入次要空间，棋牌室与餐厅分据左右，二者均以白色为主调，黑白格地板，置入经典款水晶灯，搭配巴洛克花纹座椅、鸽灰抱枕，远观近看，各有韵味。

为使主客起卧舒适，主客卧房一以贯之地采用轻柔色泽，再以方向不同的线条勾勒空间表情，诸如主卧简练的长形线板，与金黄床褥、浅蓝地毯相映成趣，减少过度堆栈的冗赘感；其余卧房则以湖水绿、天空蓝为点缀，在纯白、浅灰的基调里，窗帘、床褥与地毯稍有呈现，与牡丹纹床背板的繁复，共谱出屋主悠闲淡雅的生活情趣。

远中风华七号楼

设计公司：玄武设计

设计师：黄书恒、欧阳毅、陈怡君

软装布置：玄武设计

摄影师：王基守

面积：267 平方米

主要材料：黑金花、黑云石、黄金洞石、浅金峰、卡拉拉白、黑檀木、银箔、金箔、壁纸、明镜、墨镜、镀钛板

设计说明

设计的未来，
在于把对过去的尊崇，
巧妙无形地蕴藏于对明日的憧憬。

——当代百大名设计师Jeffrey Bilhuber

上海的历史深度与经济强度，召唤着世界富豪与巨擘的进驻，更成为孕育无数经典建筑杰作的沃土。

淡淡的白兰幽香弄影，静静的洋楼慵懒成韵，闪闪的霓虹与LED光环相互辉映，老上海以她独特的新魅力，在江畔水湄轻逐着人潮与时尚。新经典摩天建筑耸立入云，而世博的澎湃风云正大气挥洒，将上海划成了世界的艺术、文化、建筑精华荟萃之都，也是绝无仅有的一座全球地标城市。

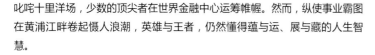

叱咤十里洋场，少数的顶尖者在世界金融中心运筹帷幄。然而，纵使事业霸图在黄浦江畔卷起慑人浪潮，英雄与王者，仍然懂得蕴与运、展与藏的人生智慧。

以纽约华尔街的富商巨贾为例，在南汉普顿(South Hampton)拥有一栋别墅，是富豪们工作之余享受大自然的恩赐，更是身份地位的象征。南汉普顿位于纽约著名的长岛(Long Island)，隔着东河(East River)与曼哈顿岛相望。长岛素以宜人的风景、休闲的沙滩著名，更是许多纽约人，以及朝圣的观光客必定造访之地。

南汉普顿被昵称为"华尔街富豪们的美丽庭园"，当地有高尔夫球场、美术馆、购物中心，除了美丽的海滩，悠闲的庄园豪宅生活让富商名流们乐于远离都市尘嚣，定居于此。

美国曼哈顿(Manhattan)的富商名流们宁愿舍弃喧嚣的都市中心区，选择在优美壮丽的南汉普顿建立独树一帜的庄园豪邸。如是，那么眷恋锦沪气韵、驰骋商场风云的巨子新贵们，对静安区"远中风华"的深深心仪，则更是毋庸置疑。

远中风华八号楼

设计公司：玄武设计

设计师：黄书恒、欧阳毅、陈佑如

软装布置：玄武设计

摄影师：王基守

面积：200 平方米

主要材料：雪白银狐石材、白水晶石材、米洞石、金箔、银箔、水晶、金镜、明镜、图腾雕花板、贝壳板、BISAZZA 马赛克、VIVA 砖

设计说明

蓝宝石 （Sapphire），代表慈爱、诚实、安详、高贵、德望，是忠诚和坚贞的象征。据说佩戴蓝宝石的人不受妒忌，并受神的垂爱。

蓝宝石为世界五大珍贵宝石之一。古代波斯人认为大地由一个巨大的蓝宝石支撑，蓝宝石的反光将天空映照成蓝色，因此也被称为"生命之石"。从夜空深邃的靛蓝到夏日天空的美丽湛蓝，但无论哪一种蓝，都令人陶醉于那迷人的绚丽色泽。

蓝宝石象征秋高气爽、蓝天白云、五谷丰登，同时也代表冷静的思考力与判断力以及洗练的成熟智慧，特别受到许多纵横商场的杰出名流人士的喜爱。

英国维多利亚女王时期著名的作家、艺术评论家及哲学家约翰·罗斯金（John Ruskin）说："一座建筑的伟大之处不在于它用了多少石头、用了多少黄金，而在于成就它的时代。"

维多利亚风格（Victorian Style），指的是1837年当时还不满19岁的英格兰维多利亚女王即位之后，英国社会所形成的一种特有的典雅、修饰、婉约、浪漫、高贵的艺术氛围与格调。当时的时代背景，透过英国工业革命，商业的繁盛，带来财富的增加与累积；人们在富裕之余期盼从过度繁复的工艺中解放出来，同时寻求一种更优雅但又不能表现细腻奢华生活的装饰风格。

上海近年来处于蓬勃发展的态势，黄浦江东岸，商业大楼林立的浦东金融中心，建筑、设计，

比高度，也比格局。一如英国的维多利亚时期的时代背景。在富商贵胄纷纷崭露头角的同时，有着超凡器宇洞见的新富名流们逐渐意识到：上海新时代贴心契合的生活风格，其实源自于自信与创意。如今的富裕繁华不代表要抛弃过去，更不是要刻意标榜金碧辉煌的硬实力；而是保留复古美学的软实力，并进而创造出优雅、经典、自成一格的新上海风。

而维多利亚时期古典柔美的设计风格，正是"远中风华八号楼"演绎今日上海精神，华丽却又充满怀旧情愫的最佳写照。

一如蓝宝石的坚定闪耀，其光芒如霞飞迎悦，其深邃如湛蓝穹苍，玄武设计以经典的维多利亚风格为主调，运用淡雅出众的色彩，陶造玉瓷般细腻精致的手法，呈现出皇家御用豪宅的绝世风华。

G1别墅

设计公司：米兰尼软装设计
设计师：吴佩佩

设计说明

家居装饰热情奔放，浪漫奢华，将欧美的浪漫情怀与现代人的生活需求相结合，华贵典雅与现代时尚并存，反映出业主及设计师的美学观念和文化品位。

整体空间内敛含蓄，深沉色调彰显沉稳内敛气质，温婉雅致的家具及墙壁装饰，将古典注入简洁时尚的设计中，墙壁装饰在空间里更显华丽，使整个氛围更雅致奢华。

东莞南城·森林湖兰溪谷1303

设计公司：观复营造 | 昊然设计
设计师：张桥
摄影师：宋晓晓
面积：185 平方米

设计说明

在美式风格设计上，我们要体现的是美国人居的空间气氛、生活态度和居家精神，而不是为了风格化而风格化，更不是一味去照搬传统美式住宅的标准形式和软装表象。所以本案在设计上没有按照标准美式的硬装套路去复制形式，整体搭配也是不走常路，希望这样看似不稳妥的做法却能表达中国人对"新美式"的诉求，也把"纯正美式风格"优化重塑到足够接地气而不生涩牵强。

这个五房两厅一厨三卫两阳台的家是一对年轻的 85 后夫妻的婚房，目前主要是两人居住。男主人大学所读的专业是园林设计，而女主人有八年英国读书生活的经历，他们俩都有很好的审美观。原始房型的优点在于客餐厅连通一起视野开阔，而缺点是空间每面墙都不对称，且窗洞门洞太多导致空间围合感很弱。设计师针对原始户型的优缺点，结合业主的需求，优化改造后保留了三间卧室和一间书房，而其中一间 12.5 平方米的房间被划分为 7.5 平方米的喝茶书吧区和 5 平方米的空中花园，采用折叠门来间隔两个区域，把这两个区域打造成了私宅的亮点，成为最赏心悦目的生活场所。而后，通过立面、顶面造型设计，将不对称的空间重新建立秩序感和规整感。整体空间气质调性紧扣清新、甜蜜、活泼、亮丽和高品质几个关键词，大厅以浅杏色的乳胶漆粉饰墙面，并点缀以白色、黑色、蓝色、绿色。从厨房蓝色的橱柜到客厅蓝色的沙发，再到书房蓝色的墙面，把不同纯度的蓝色在空间中横向延伸。整个空间设计中，无论是硬装造型还是材质、色彩、图案、肌理都有丰富的体现，照明灯具统一采用了 4 200K 中间色温的灯光，使得所有的质感、颜色都能得到最真实最和谐的呈现。

中海洞泾悦府180别墅

设计公司：上海李孙建筑设计咨询有限公司
设计总监：邢政
硬装设计：陈平
软装设计：杨雯
摄影师：陈盛
面积：310 平方米
主要材料：米黄色系大理石、高光漆板、拉丝古铜条、玫瑰金、铜条、皮革软硬包

设计说明

本案采用欧式新古典风格，旨在为业主营造出一个高雅而和谐的家居空间。白色、金色、黄色、暗红是欧式风格中常见的色调，少量白色糅合，加入古典风格的装饰花样和现代的新型材料，使空间看起来明亮、大方，给人以开放、宽容的非凡气度，让人丝毫不显局促。局部装饰以壁纸、金银箔、金属条等元素的全新引入，为空间的装饰提供了更广的发挥空间。在细节的处理上通过一些新的工艺和材料的运用，体现装饰细节的新颖和创意，同时也体现出设计师的细致与用心。 无论是家具还是配饰均以其优雅、唯美的姿态，平和而富有内涵的气韵，描绘出居室主人高雅、尊贵的身份。

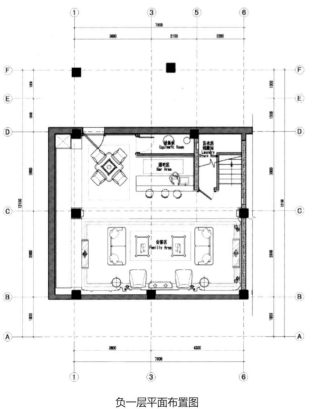

负一层平面布置图

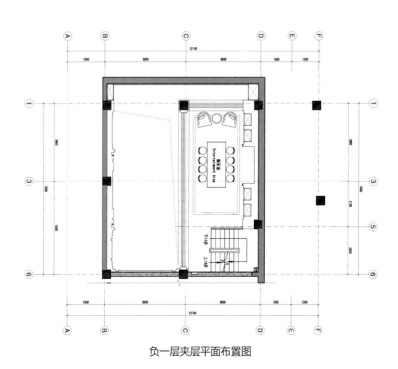

负一层夹层平面布置图

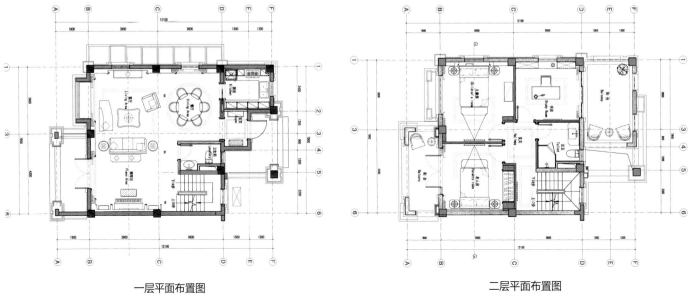

一层平面布置图   二层平面布置图

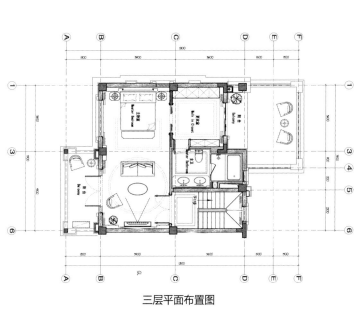

三层平面布置图

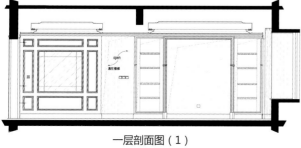

一层剖面图（1）

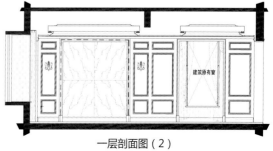

一层剖面图（2）

恬然若梦

设计公司：TY34 精品设计中心
设计师：庄光科、杨笑
摄影师：金啸文
地点：江苏镇江
面积：150 平方米
主要材料：实木地板、墙纸、微晶石、PU 软包、镜面玻璃、玻璃马赛克

设计说明

本案整体色调沉稳，只在局部空间穿插一些温馨色彩和花饰图案。受部分年轻人所热爱的生活方式，不是单纯追求严谨，也不是过分追求随意，而是寻求两者之间的平衡。而本案的整体设计，就是在美式、欧式与田园之间寻求这个平衡点。整体设计，用矩形的框线、规整的软包和镜面玻璃，来体现严谨，而在局部的家具点缀上，又选择了油漆做旧工艺框架和亚麻质感布料的沙发来体现轻松，富有混搭的意味，但是规矩多于随意，或许这就是这代年轻人所面临的生存方式，规整的元素想表现的是工作当中一丝不苟积极向上的精神，而有些混搭的家具正是工作之余对于放松生活的追求。

上海风景水岸联排别墅

设计公司：深圳市帝凯室内设计有限公司

设计师：徐树仁

参与设计：庄祥高、李进念

软装设计：李靖云

地点：上海

面积：500 平方米

主要材料：白色墙漆（亮光）、雅士白大理石、波斯灰大理石、帕斯高灰大理石、大理石马赛克拼花、复合地板、皮革硬包、墙布、镜子、玫瑰金不锈钢

设计说明

本案以法式风格为空间主调，在空间色彩的运用上，多以白色、米色构成，空间自然而不造作，体现出法式风格的浪漫气息。在处理手法上摈弃了传统法式纷繁复杂的雕花手法，在配饰设计中融入清新自然的蓝灰色系，蓝灰色的墙纸与地毯、窗帘、暗花的纹理，自然地倾诉着法式的浪漫和自然。法式家具与新古典风格的家具相得益彰，加之清新浪漫小饰品的点缀，空间焕然一新，自然清新。

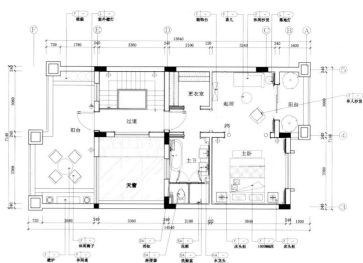

三层平面布置图

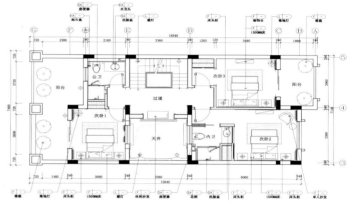

二层平面布置图

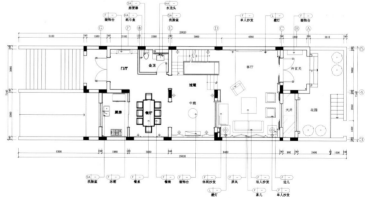

一层平面布置图

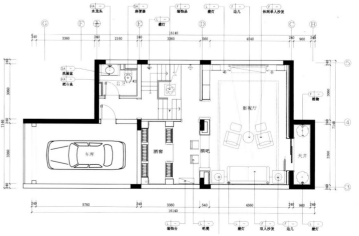

负一层平面布置图

上海风景水岸双拼别墅

设计公司：深圳市帝凯室内设计有限公司

设计师：徐树仁

软装设计：李靖云

参与设计：庄祥高、李进念

地点：上海

面积：500平方米

主要材料：白色亮光漆、白玉兰大理石、雅士白大理石、意大利木纹大理石、黑金花大理石、波斯灰大理石、金蜘蛛大理石、复合木地板、墙纸、皮革、不锈钢

设计说明

整个空间笼罩在法式的高贵优雅氛围之中，新古典设计手法的运用为空间更添韵味。墙面保留了部分法式雕花，让秀丽的空间更为精美雅致。

地下室则整个变化了一种风格，用美式与地中海风格混搭，做出老上海人不拘束的怀旧风格。皮质与木材的结合，咖啡色、米色、暗红色相互混合，混搭出一个老酒吧的味道，既休闲，又趣味盎然，为整个别墅增添新感觉。

客餐厅及卧室的家具物料中选用了大面积的绸面布料，华丽轻柔，或灰，或紫，或蓝，或黄，都用暗纹的欧式花型联系，材质亮丽，高贵典雅。

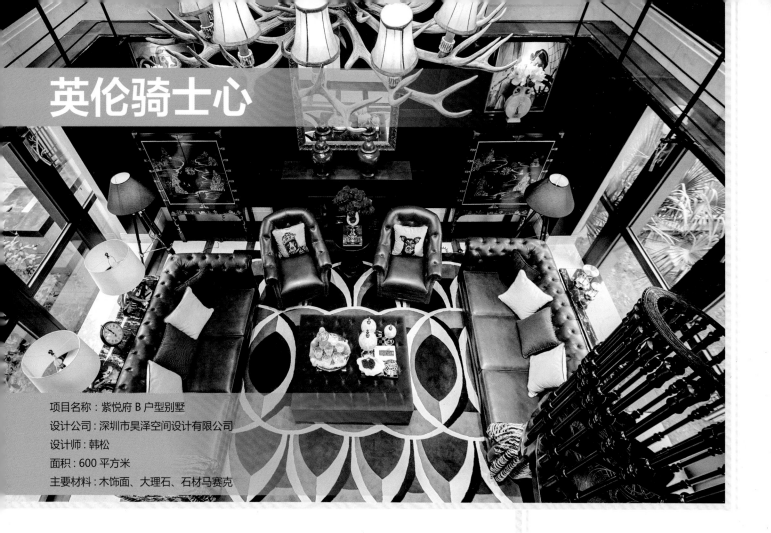

英伦骑士心

项目名称：紫悦府 B 户型别墅
设计公司：深圳市昊泽空间设计有限公司
设计师：韩松
面积：600 平方米
主要材料：木饰面、大理石、石材马赛克

设计说明

这个世界如果没有理想主义，人生还有什么意义，我们整天抱怨满目的物欲横流，却也心安理得地沦陷其中。总是梦想着别人是否会蹦出来成为那个可以粉身碎骨的超级英雄，却从来没想过自己是不是可以成为任性一把的堂吉诃德。

设计师心中持续向往的骑士精神，优雅而粗犷，谦虚温和又孤傲勇敢。外表理性严谨，逻辑清晰，内心狂野不羁，感情用事，为了理想和原则可以放下执念和贪念……

我们今日缺失的，将来迟早要补上。

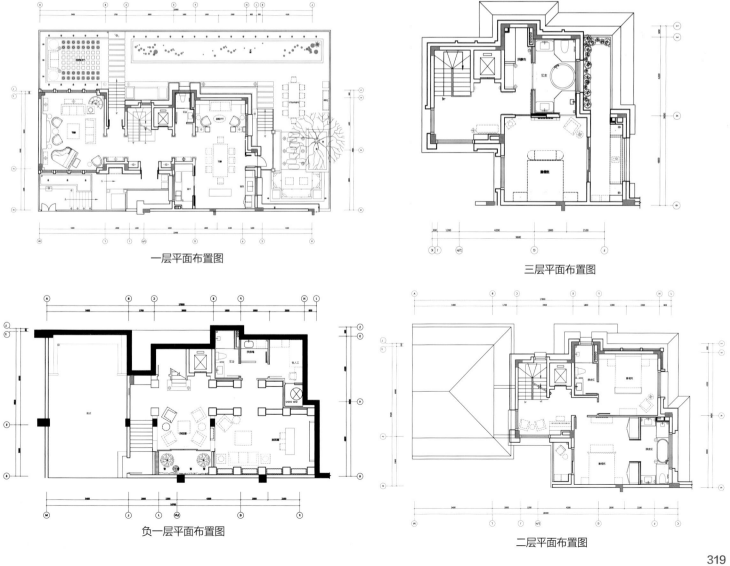

一层平面布置图

三层平面布置图

负一层平面布置图

二层平面布置图

图书在版编目（CIP）数据

欧美风格 / DAM 工作室 主编 . – 武汉：华中科技大学出版社，2015.9

（空间·物语）

ISBN 978-7-5680-1280-5

Ⅰ . ①欧… Ⅱ . ① D… Ⅲ . ①住宅 – 室内装饰设计 – 图集 Ⅳ . ① TU241-64

中国版本图书馆 CIP 数据核字（2015）第 242403 号

欧美风格 空间·物语

Oumei Fengge Kongjian·Wuyu

DAM 工作室 主编

出版发行：华中科技大学出版社（中国·武汉）

地　　址：武汉市武昌珞喻路 1037 号（邮编：430074）

出 版 人：阮海洪

责任编辑：岑千秀

责任校对：熊纯

责任监印：张贵君

装帧设计：筑美文化

印　　刷：中华商务联合印刷（广东）有限公司

开　　本：965 mm × 1270 mm　1/16

印　　张：20

字　　数：160 千字

版　　次：2016 年 3 月第 1 版 第 1 次印刷

定　　价：328.00 元（USD 65.99）

投稿热线：（020）36218949　　duanyy@hustp.com